高等院校风景园林专业规划教材

植物识别与设计

吕桂菊　主编

U0212400

中国建材工业出版社

图书在版编目(CIP)数据

植物识别与设计/吕桂菊主编．--北京：中国建
材工业出版社，2021.6

高等院校风景园林专业规划教材

ISBN 978-7-5160-3188-9

Ⅰ.①植… Ⅱ.①吕… Ⅲ.①园林植物—识别—高等
学校—教材 ②园林植物—景观设计—高等学校—教材
Ⅳ.①S688 ②TU986.2

中国版本图书馆 CIP 数据核字（2021）第 069569 号

内容简介

本教材贴合教学和实践需求，按48课时制定学习计划，采用直观图形＋简洁文字相结合的方法进行编写。本书主要内容包括：概论知识；植物的功能作用及实现途径；识别要点；设计方法；分类设计；图示表达。本教材将植物识别与应用结合，实现图纸和场景的转换，培养学生植物组合造景的图纸绘制能力，同时引入近两年的校企合作项目和校内实训项目，具有很强的实用性和指导性。

本书可作为高等院校风景园林、环境设计等相关专业教材，也可供园林、植物设计等领域的专业技术人员参考使用。

植物识别与设计

Zhiwu Shibie yu Sheji

吕桂菊　主编

出版发行：中国建材工业出版社

地　　址：北京市海淀区三里河路1号

邮　　编：100044

经　　销：全国各地新华书店

印　　刷：北京雁林吉兆印刷有限公司

开　　本：787mm×1092mm　1/16

印　　张：14

字　　数：320千字

版　　次：2021年6月第1版

印　　次：2021年6月第1次

定　　价：**68.00元**

《高等院校风景园林专业规划教材》
丛书参编院校

前言 | Preface

　　植物以其万般柔美的姿态在景观设计中占据一席之地，有了植物，硬质景观才能得到充分表现；有了植物，人们才能感受到空间、时间、色彩、质地、形态等方面的丰富变化；有了植物，人们不仅可以欣赏自然美，景观也有了文化底蕴，正所谓婉芬芳、蕴萌动，同时植物还提供和产生有益于人类生存和生活的生态效应。更为重要的是植物能充当构成因素，像建筑物的地面、天花板、围墙、门窗一样，对室外环境的总体布局和室外空间的形成起到非常重要的作用。

　　要想完成植物在设计中的成功运用，需要我们识别它的容貌，理解它的内涵，掌握它的设计方法，在园林植物设计中一个突出的困难是怎样将一个好的设计和种植结合起来。本教材以编者多年园林植物设计教学和实践经验为基础，贴合高等院校教学需求，按 48 课时制定学习计划，采用直观图形＋简洁文字相结合的方法进行编写，主要内容包括：概论知识，植物的功能作用及实现途径，识别要点，设计方法，分类设计，图示表达。

　　本教材将植物识别与应用结合，实现图纸和场景的转换，培养学生植物组合造景的图纸绘制能力，同时引入近两年的校企合作项目和校内实训项目，具有很强的实用性和指导性。本书可作为高等院校风景园林、环境设计等相关专业教材，也可供园林、植物设计等领域的专业技术人员参考使用。

　　由于时间仓促，编者水平有限，书中难免有遗漏之处，恳请各位读者批评指正！

编　者
2021 年 5 月

目录 | Contents

1

概论知识

景观设计师需要通晓植物的分类，以及植物与其他造景要素相比所固有的特色和观赏特性——植物的尺度、形态、色彩和质地，并且还要了解植物的生态习性和栽培。唯有如此，景观设计师才能熟练恰当地将植物运用于景观设计中，而这些正是植物的基础知识所在。当然，对于景观设计师来说，无须精确地知道植物的细节，如芽痕的形状、叶柄的大小，或叶片的锯齿状等，这些乃是植物培育学家和园艺师的特长。

1.1　植物的分类

适于园林中栽种的植物，通常有两种分类方式。

第一种分类，园林植物分为草本园林植物和木本园林植物两大类。二者最显著的区别在于植物茎的结构。

草本植物的茎为"草质茎"，多汁，较柔软，茎的地上部分在生长期终了时植物就枯死，分一年生、二年生和多年生草本。

木本植物的茎为"木质茎"，茎坚硬，地上部分为多年生，因植株高度及分枝部位等不同，可分乔木、灌木和藤本，因树叶的类型分常绿型植物（终年都能保持常绿）和落叶型植物（在秋天落叶，春天再生新叶）。

第二种分类，植物就其本身而言是指有形态、色彩、生长规律的生命活体，而对景观设计者来说，又是一个象征符号，可根据符号元素的长短、粗细、色彩、质地等进行应用上的分类。在实际应用中，综合了植物的生长类型的分类法则、应用法则，按照景观材料分成乔木、灌木、草本花卉、藤本植物、草坪以及地被六种类型。

1. 乔木

具有体形高大、主干直立、枝叶茂密、分枝点高、寿命长等特点（图 1-1-1）。依据其高度又可分伟乔（高 31m 以上）、大乔（高 21～30m）、中乔（高 11～20m）、小乔（高 6～10m）四级。依据树叶的类型可分为常绿针叶乔木（油松）、常绿阔叶乔木（广玉兰）和落叶针叶乔木（水杉）、落叶阔叶乔木（毛白杨）（图 1-1-1）。

油松

广玉兰

水杉

毛白杨

图 1-1-1　乔木

常绿针叶乔木：油松、黑松、华山松、白皮松、雪松、南洋松、圆柏、侧柏等。

常绿阔叶乔木：广玉兰、樟树、桂花、大叶女贞、深山含笑、石楠、棕榈等。

落叶针叶乔木：水杉、金钱松、水松、池杉、落羽杉等。

落叶阔叶乔木：毛白杨、垂柳、银杏、国槐、鹅掌楸、乌桕、榆树、臭椿、合欢等。

2. 灌木

体形低矮（高 6m 以下），主干低矮，分枝点较低，或干茎从地面呈多数生出且无明显主干，枝条呈丛生状（图 1-1-2）。灌木具有开花或叶色美丽等特点。灌木可分为常绿针叶灌木、常绿阔叶灌木、落叶阔叶灌木。

铺地柏　　　　　　　　　小叶黄杨　　　　　　　　连翘

图 1-1-2　灌木

常绿针叶灌木：铺地柏、沙地柏、矮紫杉、千头柏、鹿角柏、翠蓝柏、粗榧、火棘等。

常绿阔叶灌木：小（大）叶黄杨、海桐、珊瑚树、凤尾兰、苏铁、八角金盘、山茶、含笑等。

落叶阔叶灌木：连翘、榆叶梅、枸杞、紫叶小檗、红瑞木、棠棣、鸡麻、牡丹等。

3. 藤本植物

能缠绕或攀附其他物体而向上生长的木本植物（图 1-1-3）。藤本植物可分为常绿藤本植物、落叶藤本植物。

常春藤　　　　　　　　　爬山虎　　　　　　　　藤本月季

图 1-1-3　藤本植物

常绿藤本植物：小叶扶芳藤、大叶扶芳藤、常春藤等。

落叶藤本植物：蔷薇、藤本月季、木香、紫藤、山葡萄、爬山虎、猕猴桃、美国凌霄、金银花等。

4. 草本花卉

具有草质茎的花卉，叫作草本花卉。草本花卉按生育期长短不同，又可分为一年生、二年生和多年生草本花卉（图 1-1-4）。

图 1-1-4 草本花卉

一年生草本花卉：生活期在一年以内，发芽播种，当年开花、结实，当年死亡。如一串红、刺茄、半支莲（细叶马齿苋）等。

二年生草本花卉：生活期跨越两个年份，一般是在秋季播种，到第二年春夏开花、结果直至死亡。如金鱼草、金盏花、三色堇等。

多年生草本花卉：生长期在两年以上，它们的共同特征是都有永久性的地下部分（地下根、地下茎），常年不死。但它们的地上部分（茎、叶）却存在着两种类型：有的地上部分能保持终年常绿，如文竹、四季海棠、虎皮掌等；有的地上部分是每年春季从地下根系萌生新芽，长成植株，到冬季枯死。如美人蕉、大丽花、鸢尾、玉簪、晚香玉等。多年生草本花卉，由于它们的地下部分始终保持着生命活力，所以又概称为宿根类花卉。

5. 草坪

用人工铺植草皮或播种草籽培养形成的整片绿色地面（图 1-1-5）。可形成各种人工草地的生长低矮、叶片稠密、叶色美观、耐践踏的多年生草本植物。按照气候类型可以分为冷季型草和暖季型草两大类。

图 1-1-5 草坪

冷季型草：多用于长江流域附近及以北地区，耐寒性较强，不耐夏热高温，主要包括高羊茅、黑麦草、早熟禾、白三叶、剪股颖等种类。

暖季型草：多用于长江流域附近及以南地区，在热带、亚热带及过渡气候带地区分布广泛，早春返青后生长旺盛，深秋枯黄，冬季呈休眠状态。主要包括狗牙根、百喜草、结缕草、画眉草等。

6. 地被植物

株丛密集、低矮，用于覆盖地面的植物（图 1-1-6）。常包含以下三种类型：多年生草本、藤本，以及低矮丛生、枝叶密集或偃伏性或半蔓性的灌木。

草坪草是最为人们熟悉的地被植物，通常另列为一类。在地被植物的定义中，使用"低矮"一词，低矮是一个模糊的概念。因此，又有学者将地被植物的高度标准定为1m，并认为有些植物在自然生长条件下，植株高度虽超过 1m，却具有耐修剪或苗期生长缓慢的特点，可通过人为干预将高度控制在 1m 以下，也视为地被植物。

图 1-1-6　地被植物

1.2　植物的特色

植物、建筑、地形、水系、道路、雕塑小品等都是景观设计中重要的设计要素，但是植物有着不同的特色，因此在设计中应该充分发挥植物的特色，为设计带来不同的感受。

1. 植物的生命力

植物景观同大自然一样具备四季的变化，表现季相的更替，这正是植物所特有的作用，是植物景观最大的特点。植物景观通常春发嫩绿，夏被浓荫，秋叶胜似春花，冬季则有枯木寒林的画意。植物能给环境带来自然、舒畅的感觉。尤其是在呆板、枯燥的城市环境中，植物能给环境带来赏心悦目的效果。植物不仅能给生硬、呆板的环境提供柔美，而且能使其活泼、丰富多变、充满生机。

季相性的外形变化为植物配置和植物施工带来困难，植物配置时不仅要考虑某一季节的观赏特性和功能作用，还要考虑在其他季节的景观效果和功能变化，甚至要考虑数年后所发生的变化。由于植物季相性主要体现在叶子上，因此设计时必须掌握叶子的四季变化。

植物需要在合适的环境条件下才能健康地成长，因此设计师和施工人员都要掌握每种植物的生长特点和环境条件，选取适合在此条件下生长的植物。同时，为了使植物能正常生长，对植物的养护管理是很重要的，所谓"三分种，七分养"就是这个道理。为了保证植物成活率、减少时间和资金成本、突出地方特色，在植物设计时，最理想的办法是选用当地的乡土树种，例如，杨、柳、榆、槐、椿就是山东地区的五大乡土树种（图1-2-1）。

图 1-2-1　山东地区的五大乡土树种

2. 植物的气味

对人们来说，体验一个景观作品，需要综合运用几种感觉器官，既有视觉、触觉、听觉、触觉，也有嗅觉。其中，在嗅觉方面，主要是由植物来起作用，如清华大学的荷塘，每当夏日荷风扑面之时，清香满堂；浙江大学遍植桂花，开花时满校飘香。一些花木的干、叶、花、果可供人们观赏，同时它们也散布花香，并招蜂引蝶。

在中国古典园林中常利用植物的气味为景点主题，营造意境。例如拙政园远香堂，南临荷池，每当夏日，荷风扑面，清香满堂，可以使人体会到周敦颐《爱莲说》中"香远益清"的意境；网师园中的"小山丛桂轩"，桂花开时，异香袭人，意境十分高雅。

在现代景观中，常常在入口设计早春开花的植物，使人一进入场地便觉芳香扑鼻，愉悦心情。植物的花香对人们的养生也是大有裨益的，在塔吉克斯坦有一所"香味"医院，患者来到医院不打针、不吃药、不做手术，而是到特定的诊治花园里闻香味。这是因为植物的气味和花香不仅能使人精神振奋、消除疲劳，还可改变人的心境和情绪，缓解病痛。

3. 植物的内涵

中国历史悠久、文化灿烂，很多古代诗人及民俗都留下了赋予植物人格化的优美篇章。所以可以借用不同的植物来表达特殊的情感，烘托特定气氛，使人们通过品赏景色，在潜移默化中受到熏陶。传统的松、竹、梅配植形式，谓之岁寒三友。梅、兰、竹、菊谓之四君子（图 1-2-2）。玉兰、海棠、迎春、牡丹、桂花谓之玉堂春富贵等。

图 1-2-2 四君子

松苍劲古雅，不畏霜雪风寒的恶劣环境，能在严寒中挺立于高山之巅，具有坚贞不屈、高风亮节的品格。

竹是中国文人最喜爱的植物。竹未曾出土先有节，到凌云处仍虚心。竹被视作最有气节的君子。园林景点中"竹径通幽"最为常用。松竹绕屋更是古代文人喜爱之处。

梅更是广大中国人民喜爱的植物。梅具有不畏强暴的品质及虚心奉献的精神，自尊自爱、高洁清雅的情操，坚贞不屈的品格。

兰被认为最雅。"清香而色不艳"。绿叶幽茂，柔条独秀，无矫揉造作之态，无媚俗之意，香最纯正，幽香清远，堪称清香淡稚。

菊花耐寒霜，晚秋独吐幽芳。菊具有不畏风霜恶劣环境的君子品格。

荷花是圣洁的代表，更是佛教神圣净洁的象征。人们常以荷花"出淤泥而不染，濯清涟而不妖"的高尚品质作为激励自己洁身自好的座右铭。

另外，还有许多植物在中国的文化中被赋予了特殊的内涵。其内涵多是比德传统，或具有"福""禄""平安""富贵""如意""和谐美满"等吉祥的祝愿之意，抑或具有"雅、静、清、逸、飘"等闲情美。例如：

枫树：晚年的能量。

银杏：稳固持久的事物。

榆树：文明的源泉。

柳树：表示惜别及报春，纤弱、轻盈、飘逸的象征。

杏树：讲学圣地。

女贞：富有性格的树。

梧桐：祥瑞之物。

桃树：象征幸福、交好运。

桑树：表示家乡。

侧柏：坚贞不屈。

合欢：合家欢乐。

桂花：秋天的象征，蟾宫折桂。

柑橘：财富。

枣树：邻里之情。

石榴：多子多福之意。

紫薇：仕途官运、吉祥、情深意重。

中国古典园林以浓郁的意境氛围享誉世界，其中许多景点都是和植物有关的。例如，拙政园中和植物有关的景点有兰雪堂、芙蓉榭、秫香馆、梧竹幽居、雪香云蔚亭、荷风四面亭、远香堂、玉兰堂、留听阁、十八曼陀罗花馆、海棠春坞、枇杷园等。留听阁以残荷为主景，取唐朝诗人李商隐的"秋阴不散霜飞晚，留得枯荷听雨声"之意；荷花水上部分秋天枯萎，但藕仍具生命力，来年必然生新枝嫩叶，焕然一新。由这一景点的命名可以想象到园主坚贞不屈的精神。

江西农大新校区的"雨后春笋"景点通过春笋雕塑与成片翠竹相映成辉，共同启示广大师生学习竹"虚心而有气节"的品质。

"蟾宫折桂"景点主要配植成片的桂花，同时在其中置以蛙状巨石，整个景点妙趣横生，寓意学生勇攀高峰，在学业和事业上都能蟾宫折桂，独占鳌头。

在塞纳维拉居住区中，设计师取材于大自然中生长的植物，大量运用白杨树，庭院前、公园里、道路上均能看到挺拔的白杨树。矛盾的散文《白杨礼赞》中提道："这就是白杨树，西北极普通的一种树……难道你就不想到它的朴质，严肃，坚强不屈，至少也象征了北方的农民……这样枝枝叶叶靠紧团结，力求上进的白杨树，宛然象征了今天在华北平原纵横决荡，用血写出新中国历史的那种精神和意志？"设计师通过生命力极强的白杨树象征中华民族不可或缺的质朴、坚强、力求上进的精神。设计师正是通过当代景观设计手法表达出具有精神文化内涵拟人化的毛白杨。

1.3　植物的观赏特性

植物的观赏特性是指植物本身所具有的自然美，包括干、枝、花、叶、果等的形状、颜色、质感等给人带来的不同感受，形成不同的艺术效果。在植物的配置和造景中，要充分利用和发挥不同植物的不同观赏特性，扬长避短，营造出美而和谐的植物景观。

1. 变化多端的植物姿态

植物姿态是指单株植物的外在形状轮廓及其动态特征。植物姿态由植物的主干、主枝、侧枝和叶子的形态、动势，以及组合的方式、组合的疏密程度共同构成。

自然生长状态下，植物外形常见的类型见表 1-3-1。

表 1-3-1　植物外形常见的类型

形状	图例	植物名称
圆柱形		杜松、塔柏、钻天杨等
尖塔形		雪松、侧柏等
圆锥形		圆柏、毛白杨等
卵圆形		球柏、加杨等

形状	图例	植物名称
球形		五角枫、国槐、皂角等
伞形		合欢
垂枝形		垂柳、迎春、连翘、锦带等
龙枝形		龙爪柳、龙爪槐
丛生形		翠柏、玫瑰、月季、绣线菊

形状	图例	植物名称
匍匐形		铺地柏、沙地柏、平枝枸子
攀缘形		紫藤、凌霄、蔷薇、地锦、葡萄、爬山虎等

根据植物的形态动势，可将植物的形态大体分为三种类型：垂直向上型、水平伸展型、无方向型。

（1）垂直向上型

此类植物向上挺拔生长，具有极强的竖直方向上的空间纵深感，可将人的视线引向空中，适合营造庄严、肃穆、崇高的空间氛围。若其与具有水平纵深感的植物搭配，则可形成强烈的视觉冲击力，甚至可以将其设定为视觉中心（图1-3-1）。

图1-3-1　垂直向上型

（2）水平伸展型

此类植物通常匍匐或偃伏生长，沿水平方向展开，具有水平方向的扩张感，能够引导人们的行走路线。其可营造出宁静、空灵、柔和的空间氛围，并且对平面的塑造能力较强，所以常被用于地被植物（图1-3-2）。

图1-3-2　水平伸展型

（3）无方向型

此类植物没有明确的生长方向，外观较为柔和，不易破坏构图的统一感，在景观设计中，常被用作调和对比比较强烈的景物组合（图1-3-3）。

图 1-3-3　无方向型

植物的干千姿百态，有的亭亭玉立，有的雄壮伟岸或独特奇异，其观赏价值主要依赖于树干表皮的色彩、质感，以及树干高度、姿态来综合体现（图1-3-4）。例如，紫薇的干光滑细腻，白皮松的平滑白干带着斑驳的青斑，紫藤的枝干蜿蜒扭曲等。

图 1-3-4　植物干的形态

园林植物的叶形十分丰富，有单叶与复叶之分。单叶植物有二十多种，其中观赏价值比较高的是一些叶片形态特殊或较为大型的叶片。如掌状的鸡爪槭、八角金盘、梧桐、八角枫，马褂形的鹅掌楸；披针状的夹竹桃、柳树、落叶松；针形的松柏类；心脏形的泡桐、紫荆、绿萝等。复叶的形式可分为奇数羽状复叶（如国槐、紫薇）和偶数羽状复叶（如七叶树、木棉等）。除了叶形具有较高的观赏价值外，叶片组合而成的群体美也是十分动人的，如棕榈、龟背竹（图1-3-5）。

图 1-3-5　叶形

2. 丰富多彩的颜色

植物的色彩主要来源于植物的花、叶、果、枝、干皮，而植物的花、果、叶又有季节变化，持续时间短；干皮和枝条有年龄变化，持续时间较长（图 1-3-6）。一般来说，植物的花、果、叶是植物配置和造景必需考虑的，尤其要抓住花果的瞬间季相变化。对北方地区，植物的种类比南方地区少，观赏性较高的具有色彩变化的植物就更少了。因此，作为园林设计者，必须掌握北方常用的春、夏、秋三个季节开花和彩色叶树种及露地观赏花卉；北方的冬季色彩造景较单调，除了几种常绿的树种以外，要注意落叶树木的枝条和树干的色彩及树形整体外观造景，它们是冬季成景的主要元素。

图 1-3-6 植物的色彩

植物的色彩配置与造景除了花色，最常应用的是叶色，而植物的叶色，除了少数栽培品种及秋季造景常用的秋色叶树种以外，一般均为绿色。在植物的配置与造景中，利用不同绿色造景往往被设计者忽略。植物的叶绿色一般可以用肉眼划分为以下几种：

深绿色：主要是常绿阔叶树和针叶树，颜色稳重但显阴沉，需和亮色的建筑或植物搭配，常作为背景处理。

浅绿色：一般落叶树的颜色为浅绿色，能明显扩大空间范围，使光线不足的地方明亮起来，视觉较舒适。一般作为中景或背景材料。

灰绿色：如桂香柳、杜梨、银桦等。其能使空间范围明显扩大，色彩感觉寒冷，常和色彩鲜艳的建筑物搭配使用。

蓝绿色：如云杉、蓝桉、杜松等，容易和其他色彩搭配和谐，有清爽的感觉。

红绿色：如红叶李、红叶桃、红叶矮樱、红叶小檗等。其能有效调节空间气氛，使景观显得活泼温暖，但令人感觉空间有些缩小。

黄绿色：如金边黄杨和金叶女贞，色彩明亮且使人感觉愉快。

叶绿色的搭配造景重要的是依据色彩的对比与调和，除了和其他色彩有主有次搭配外，用不同的绿色进行搭配，也能取得较好的艺术效果。尤其是在多绿色少花的夏季，能使城市绿化色彩多一些变化。绿色之间搭配属于同一色调的搭配，色彩的调和是没有问题的，要注意明度和色度应用，应有主有从，避免混乱。

3. 植物的质感

植物的质感是以视觉属性为依据，不同植物干、枝、叶的质感不同，形成的艺术效果也不同。树木的质感主要表现在：树皮的光滑与粗糙；树木形状与树叶的性质、多少。有的树木粗枝大叶，有的纤细柔弱，有的则轻盈精致。树木的质感与树木被审视的距离远近有关系。近看时质感主要指枝叶的大小、形状和多少及所占空间，树干的表皮、叶柄的长短及叶面的性质等所产生的效果；远看则细节消失，质感成了整株树木或树丛亮度与阴影所产生的效果。质地可分为细质型、中质型及粗质型。

（1）细质型（图 1-3-7）

此类植物的叶小而浓密，枝条纤细而不明显，树冠轮廓清晰。有扩大距离之感，宜用于局促狭窄的空间，因外观文雅而细腻，适合做背景材料。如地肤草、野牛草、文竹、苔藓、馒头柳等。

图 1-3-7 细质型

（2）中质型（图 1-3-8）

此类植物是具有中等大小叶片和枝干及适中密度的植物，园林植物大多属于此类。

图 1-3-8 中质型

（3）粗质型（图1-3-9）

此类植物通常具有大叶片、粗壮疏松的枝干和松散的外观。粗质型的植物给人粗壮、有力、豪放之感，由于具有扩展的态势，常使空间产生拥挤的视觉错感，因此不宜用在空间狭小的场所，可用作较大空间的主景。

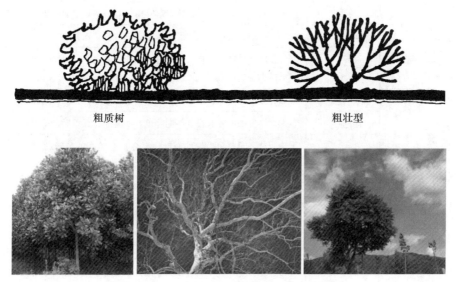

粗质树　　　　　　　　　　　　　粗壮型

图1-3-9　粗质型

因此，设计者在植物的配置与造景中，要注意道路的两侧、广场、建筑物的出入口和四周、园门的两侧等游人停留时间较长地方的植物造景，一定要多选择适宜近观、质感较细腻的树木或花卉组织景观，满足游人近距离观赏的需求；而质感较粗糙的植物适宜作远景或背景，尤其是作为外观较细腻的植物或建筑小品的背景，可形成强烈的对比，从而烘托主景。

4. 常见植物的观赏特性

1）植物器官的观赏特性（表1-3-2）

表1-3-2　植物器官的观赏特性

赏树形树木类	针叶树类	乔木类	圆柱形：杜松、塔柏等。尖塔形：雪松、窄冠侧柏等。圆锥形：圆柏。卵圆形：球柏
		灌木及丛木类	倒卵形：千头柏。丛生形：翠柏。偃伏形：鹿角桧。匍匐形：铺地柏、沙地柏等
	阔叶树类	乔木类	圆柱形：钻天杨。圆锥形：毛白杨。卵圆形：加杨。球形：五角枫。馒头形：馒头柳。伞形：龙爪槐
		灌木及丛木类	圆球形：黄刺玫。扁球形：榆叶梅。丛生形：玫瑰、月季、绣线菊等。拱枝形：连翘、迎春等。匍匐形：平枝枸子
		藤木类	紫藤、凌霄、蔷薇、地锦、葡萄、爬山虎等
		其他	垂枝形：垂柳等。龙枝形：龙爪柳、龙爪槐等

续表

	大小		叶长大的可达十几米，小的仅几毫米
	质地	革质叶	具有较强的反光能力，能产生光影闪烁的效果，如广玉兰、山茶、蜡梅、枸骨、海桐等
		纸质叶	给人柔软、秀美、恬静之感，落叶树的叶子基本是纸质叶
	形状	单叶类	针形、条形、披针形、圆形、掌状、三角形、异型
		复叶类	羽状复叶（刺槐、合欢、南天竹、国槐、锦鸡儿），掌状复叶（七叶树、鸡爪槭、棕榈等）
赏叶形树木类	色彩	绿色	嫩绿、浅绿、鲜绿、浓绿、黄绿、褐绿、墨绿、亮绿、暗绿
		春色叶类	春季新生发的嫩叶有显著不同叶色，如臭椿、五角枫、黄连木
		新叶有色类	无论季节，只要是生发的新叶，就会具有美丽的色彩，宛如开花的效果，如铁力木等
		秋叶呈红色或紫红色	鸡爪槭、五角枫、枫香、地锦、五叶地锦、樱花、黄连木、柿、黄栌、南天竹、乌桕、石楠等
		秋叶呈黄色或黄褐色	银杏、白蜡、鹅掌楸、柳树、梧桐、榆、紫荆、栾树、悬铃木、水杉、落叶松、金钱松等
		常色叶类	叶常年呈异色，而不必等秋天来临，如紫叶小檗、紫叶李等
		双色叶类	叶背与叶表的颜色显著不同，如银白杨、胡颓子等
		斑色叶类	叶上具有其他颜色的斑点或花纹，如金心黄杨、银边黄杨等
赏花树木类	开花颜色	红色系花	海棠、桃、杏、梅、樱花等
		黄色系花	迎春、连翘、金钟花、黄刺梅等
		蓝色系花	紫藤、紫丁香、杜鹃、紫玉兰等
		白色系花	白丁香、白牡丹、白玉兰、珍珠梅等
	开花季节	早春开花	玉兰、樱花、丁香、碧桃、紫叶李、榆叶梅、绣线菊类、海棠类、蜡梅、山杏、山桃、锦带花、牡丹、迎春、连翘、时令花卉等
		夏天开花	合欢、荷花、栾树、美国凌霄、木槿、紫薇、珍珠梅、棣棠、时令花卉等
赏果树木类	形状	奇	果实形状奇异有趣，如铜钱树、腊肠树、秤锤树、皂角树等
		巨	果实单体较大，如柚；果虽小，但果色鲜艳、果穗较大，如接骨木
		丰	单果虽小，但是数量巨大，如火棘、金银木、海桐、大叶黄杨等
	色彩	红色	桃叶珊瑚、小檗类、平枝栒子、山楂、枸杞、火棘、樱桃、郁李等
		黄色	银杏、梅、杏、枸橘、木瓜等
		蓝紫色	蛇葡萄、葡萄、李、十大功劳等
		黑色	小叶女贞、小蜡、女贞、君迁子、金银花等
		白色	红瑞木等

	枝干红色	红瑞木、红茎木、野蔷薇等
	枝干古铜色	山桃、桦木等
赏枝干树木类	枝干黄色	金枝槐、金枝柳、金竹、黄桦等
	枝干绿色	棣棠、梧桐、竹、迎春等
	斑驳色彩	白皮松、白桦、木瓜、悬铃木等

2）常见植物色彩类型

（1）观花植物

①春季观花植物

a. 木本类

梅花（红、白）、瑞香（黄）、探春（黄）、白玉兰（白）、绯红晚樱（红）、樱花（红、白）、樱桃（红）、白碧桃（白）、碧桃（红）、紫叶桃（红）、李（白）、紫叶李（粉）、梨（白）、杜梨（白）、山楂（白）、海棠花（粉）、西府海棠（粉）、垂丝海棠（粉）、贴梗海棠（红）、山茶（红、白）、含笑（黄）、鹅掌楸（黄）、美国鹅掌楸（黄）、素馨（黄）、阔叶十大功劳（黄）、海桐（白）、石楠（白）、水蜡（白）、南天竹（白）、刺槐（白）、紫花泡桐（紫）、灯台树（白）、乌桕（白）、红瑞木（白）、梓树（黄）、楸树（粉）、雪柳（白）、红花木（红）、十睦木（白）、毛樱桃（白、扮）、绣线菊（白）、黄刺玫（黄）、白鹃梅（白）、玫瑰（红、白）、月季（红、紫、黄）、郁李（白）、笑魇花（白）、麻叶绣球（白）、锦鸡儿（黄）、麦李（白、粉）、紫荆（红）、蝴蝶树（粉）、锦待花（白、粉）、海仙花（门、粉）、紫丁香（紫）、木本绣球（白）、连翘（黄）、太平花（白）、白丁香（白）、暴马子（白）、紫榛（紫）、小檗（白）、金银木（白）、金缕梅（黄）、迎春（黄）、十大功劳（黄）、蜡瓣花（黄）、日本早樱（白）、小蜡（白）、巨紫荆（红）、桃（红）、粉花刺槐（粉）、香荚迷（白）、洒金碧桃（红、白）、泡桐（白）、金钟花（黄）、苹果（粉）、丝棉木（淡绿）、牡丹（红、白、紫）、杏树（红）、火棘（白）、木香（白、黄）、湖北海棠（粉）、榆叶梅（红）、厚朴（白）、溲疏（白）。

b. 草本类

雏菊（白、粉）、矮牵牛（白、红、紫）、秆竹（白、红、粉）、郁金香（白、红、粉）、飞燕草（紫）、香雪球（白）、锦葵（白、紫、红）、高雪轮（白、红）、矮雪轮（白、红）、香石竹（白、红）、霞草（白）、芍药（红）、金鱼草（白、黄、红）、翠菊（白、粉）、荷苞牡丹（红）、花菱草（白、黄）、福禄考（白、红）、金盏菊（黄）、耧斗菜（白、紫）、百合（白、黄）、矢车菊（白、粉、蓝）、紫罗兰（紫）、葡萄（白、黄）、非洲菊（白、黄、红）、花毛茛（白、黄、红）、蒲公英（黄）、美女樱（白、粉、红）、三色堇（白、黄、紫）、虞美人（白、粉、红）、风信子（白、黄、紫）、除虫草（白）、诸葛菜（紫）、梓竹香（黄）、鸢尾（蓝、紫）、白头翁（黄）。

②夏季观花植物

a. 木本类

栾树（黄）、白兰花（白）、珍珠梅（白）、刺槐（白）、南天竹（白）、小叶女贞（白）、莺阳木（黄绿）、玫瑰（红、白）、海仙花（白、粉）、流苏（白）、醉鱼草（褐）、太平花（黄）、七叶树（白）、日本绣线菊（白）、火棘（白）、芍药（红）、女贞（白）、水枸子（白）、月季（红、白等）、锦带花（白、粉）、胡枝子（粉）、天日琼花（白）、西洋山梅花（白）、紫薇（红）、珍珠绣球（白）、雪柳（白）、木香（白、黄）、木槿（红、紫）、灰枸子（白）、刺楸（白）、夏蜡梅（黄）、文冠果（门）、合欢（红、白）、山梅花（白）、素馨（黄）、臭椿（黄）、龙吐珠（粉）、光叶蔷薇（红）、四照花（白）、红花继木（红）、美国凌霄（粉）、水榆花楸（粉）、槐树（白）、牡丹（红、白、粉、黄）、迎夏（黄）、广玉兰（白）、黄花夹竹桃（黄）、紫穗槐（褐）、山楂（白）、蝴蝶树（白）、金银花（白）、美国鹅掌楸（黄）、麻叶绣球（白）、黄山栾（黄）、黄刺玫（黄）、东北珍珠梅（白）、毛刺槐（红）、夹竹桃（红）、八仙花（白）、柽柳（粉）、大绣球（白）、栀子花（白）、鹅掌楸（黄）、溲疏（白）、石榴（红）、继木（粉）、六月雪（白）、凌霄（红）、花楸（粉）、银薇（白）。

b. 草本类

玉簪（白）、龙面花（白、黄、粉）、鸡冠花（红、黄）、葱兰（白）、飞燕草（紫）、械葵（红）、翠菊（白）、锦葵（白、红、紫）、荷兰菊（堇紫）、黑心菊、金鸡菊（黄）、霍香蓟（白、粉、蓝）、霞草（粉）、凤仙花（白、红、粉）、紫茉莉（黄、红、紫）、金鱼草（黄、红、门）、孔雀草（黄、褐）、晚香玉（白）、福禄考（黄、紫、紫）、黄花菜（黄）、金盏菊（黄）、香石竹（红、白）、一点缨（黄）、麦秆菊（黄）、桔梗（堇紫）、醉蝶花（白、粉、紫）、香雪球（白、紫）、万寿菊（黄）、一串红（红、白、紫）、美女樱（白、粉）、射干（黄）、萱草（黄）、花菱草（白、黄）、关人蕉（黄、红）、百合（白、橙）、百日草（白、黄、红）、天人菊（黄）、紫宛（堇紫）、雏菊（白、粉）、半支莲（白、黄、红）、马蔺（蓝）、矮牵牛（白、红、紫）、金光菊（美）、虞美人（红、白）、曼陀罗（白）、蜀葵（白、红、紫）、唐菖蒲（白、黄、红）、蛇目菊（黄）、一枝战花（黄）、酢浆草（白）、楼斗菜（紫）、千日红（红）、雁来红（红）。

③秋季观花植物

a. 木本类

桂花（黄）、刺桂（黄）、凌霄（红）、月季（红、黄、白）、夹竹桃（红、白）、木芙蓉（红）、圆锥八仙花（白）、八角金盘（白）、大叶醉鱼草（紫）、红花油茶（红）、醉鱼草（紫）、凤尾兰（白）、槐树（白）、丝兰（白）、油茶（白）、海州常山（白）、木槿（白、紫、红）、紫薇（红、白）。

b. 草本类

美人蕉（红、黄）、波斯菊（红、紫、白）、百日草（红、黄、紫）、醉蝶花（紫、白）、孔雀草（红、黄、褐）、茑萝（红、白）、蔓陀罗（白）、长春花、翠菊（白）、金鱼草（红、黄）、矮牵牛（红）、火丽仡（红、黄）、天人菊（红、黄）、荷兰菊（堇紫）、酢浆草（红）、万寿菊（黄）、晚香玉（白）、唐菖蒲（白、红、黄）、千日红（红）、待霄草（黄）、一点樱（黄）、一串红（红、白、紫）、霍香蓟（白、粉）、麦秆菊（黄）、械葵（红）、鸡冠花（红、黄）、菊花（白、黄）、葱兰（白）、紫茉莉（红、黄、白）、芝麻花（红）、美女樱（红）、香石竹（白、红）。

④冬季观花植物

枇杷（黄）、蜡梅（黄）、梅花（白、红）、银牙柳（银白）、金缕梅（黄）、山茶（红）。

（2）观叶植物

银杏（秋叶金黄）、枫香（秋叶红）、黄栌（秋叶红）、大果榆（秋红褐）、柿树（秋叶红）、榉树（秋叶红）、黄连木（秋叶黄红）、无患子（秋叶黄）、五角枫（秋叶黄）、三角枫（春、秋红叶）、鸡爪槭（秋叶红）、紫红鸡爪槭（春、夏、秋紫红）、栾树（秋黄）、乌桕（秋红）、重阳木（秋叶红）、卫矛（秋叶红）、山麻杆（春叶红）、盐肤木（秋叶红）、紫叶小檗（红）、石楠（春叶红）、红叶李（紫红）、南天竹（冬叶红）、紫叶刺檗（紫红）、紫叶桃（紫红）、南蛇藤（黄）、红花继木（红）、美国地锦（红、黄）、地锦（红、黄）、扶芳藤（黄）、八角金盘、洒金桃叶珊瑚、金心大叶黄杨、银心大叶黄杨、金叶桧、孔雀柏、花叶常春藤、菲白竹、刺楸、鹅掌楸、七叶树、合欢。

（3）观干植物

金枝垂柳、金枝槐、红瑞木、紫薇、青桐、白皮松、白桦、木瓜、榔榆、油柿、斑皮毛莱、三角枫、梧桐、龙爪槐、龙爪柳、垂枝榆、悬铃木、枣树等。

（4）观果植物

冬青（红）、苹果（红）、珊瑚朴（红）、枸骨（红）、无患子（黄）、火棘（红）、珊瑚树（红）、省沽油（黄）、平枝枸子（红）、李（红）、荚迷（红）、南天竹（红）、梨（黄）、石榴（红）、香圆（黄）、银杏（黄）、金银木（红）、杏树（黄）、野鸭椿（紫红）、葡萄枸子（红）、柿树（黄）、花椒（红）、小檗（红）、黄山栾（红）、虎刺（红）、柑橘（黄）、花楸（红）、木瓜海棠（黄）、枇杷（黄）、山鸡椒（红）、窄叶火棘（红）、木瓜（黄）、海州常山（红）、枸杞（红）、樱桃（红）、杨梅（红）、栾树（粉红）、罗汉松（红）、山楂（红）、忍冬（红）、桃叶珊瑚（红）、金丝吊蝴蝶（红）、桃树（黄）、天目琼花（红）。

1.4　植物的生态习性

植物生长环境中的温度、水分、光照、土壤、空气等因子都对植物的生长发育产生重要的生态影响，因此，研究环境中各因子与植物的关系是植物造景的理论基础。某种植物长期生长在某种环境里，受到该环境条件的特定影响，在生活过程中就形成了对某些生态因子的特定需要，这就是其生态习性，如仙人掌耐旱不耐寒。有相似生态习性和生态适应性的植物则属于同一个植物生态类型。如水中生长的植物叫水生植物，耐干旱的叫旱生植物，需在强阳光下生长的叫阳性植物，在盐碱土中生长的叫盐生植物等。在进行植物选择时，必须了解常见的植物生态类型及适应不同环境的植物类型，以做到适地适树。

1. 水与植物景观

（1）耐旱树种

①耐旱力最强的树种：雪松、黑松、加杨、垂柳、旱柳、构树等。

②耐旱力较强的树种：马尾松、油松、侧柏、千头柏、圆柏、龙柏等。

③耐旱力中等的树种：白皮松、香柏、杨树、核桃、木兰、海桐、杜仲、悬铃木等。

④耐旱力较弱的树种：金钱松、华山松、鹅掌楸、蜡梅、大叶黄杨等。

⑤耐旱力最弱的树种：银杏、杉木、水杉等。

（2）耐湿（淹）树种

①耐淹力最强的树种（3个月以上）：垂柳、旱柳、龙爪柳、紫穗槐等。

②耐淹力较强的树种（2个月以上）：水松、枫杨、榉树、悬铃木、紫藤、楝树等。

③耐淹力中等的树种（1～2个月）：侧柏、龙柏、水杉、水竹、紫竹等。

④耐淹力较弱的树种（2～3周）：罗汉松、黑松、刺柏、冬青、朴树、梅、杏、合欢等。

⑤耐淹力最弱的树种（1周以下）：海桐、女贞、大叶黄杨、构树、木兰、蜡梅等。

（3）水生植物

生活在水中的水生植物，有的沉水，有的浮水，有的部分器官挺出水面，因此在水面上景观很不同。由于植物体所有水下部分都能吸收养料，根就往往退化了。

①挺水类：在水深$0.5～1.5m$条件下生长，茎叶挺出水面。如荷花、水葱等。

②浮叶类：叶浮于水面而根生于泥中的水生植物。如睡莲、凤眼莲等。

③沉水类：整个植株沉于水中或仅叶尖、花露出水面的水生植物。如金鱼藻、香蕉草等。

④沼生类：指在岸边沼泽地带生长的水生植物。如芦苇、菖蒲等。

2. 光与植物景观

（1）阳性树种：在全日照下生长良好而不能忍受荫蔽的植物。如落叶松、油松、水杉、杨、柳、槐等。

（2）阴性树种：在较弱的光照条件下比全光照下生长良好，不能忍受过强的光照，如中华常春藤、地锦、三七、草果、人参、黄连、宽叶麦冬及吉祥草等。

（3）中性树种：在充足光照下生长最好，也有不同程度的耐阴能力，但在高温、干旱时全光照下生长受抑制。

3. 空气与植物景观

近年来我国园林、植物、防疫诸方面科技人员，以及有关重工、化工、轻工等单位都极为重视城市环境防污工作，并横向联合、共同研究解决办法，取得了很大成绩。下面列举一些主要的抗污植物，这些植物成为工矿区、厂房周围园林绿化中植物造景的宝贵财产。

（1）抗二氧化硫强的植物：桧柏、侧柏、白皮松、云杉、香柏、臭椿、槐、刺槐、加杨、毛白杨、马氏杨、柳属、柿、君迁子、核桃、山桃、褐梨、小叶白蜡、白蜡、北京丁香、火炬树、紫薇、银杏、栾、悬铃木、华北卫矛、桃叶卫矛、胡颓子、桂香柳、板栗、太平花、蔷薇、珍珠梅、山楂、枸子、欧洲绣球、紫穗槐、木槿、雪柳、黄栌、朝鲜忍冬、金银木、连翘、大叶黄杨、小叶黄杨、地锦、五叶地锦、木香、金银花、菖蒲、鸢尾、玉簪、金鱼草、蜀葵、野牛草、草莓、晚香玉、鸡冠、酢浆草等。

（2）抗氯气强的植物：桧柏、侧柏、白皮松、皂荚、刺槐、银杏、毛白杨、加杨、接骨木、臭椿、山桃、枣、欧洲绣球、合欢、梓柳、木槿、大叶黄杨、小叶黄杨、紫藤、虎耳草、早熟禾、鸢尾等。

（3）抗氟化氢强的植物：白皮松、桧柏、侧柏、银杏、构树、胡颓子、悬铃木、槐、臭椿、龙爪柳、垂柳、泡桐、紫薇、紫穗槐、连翘、朝鲜忍冬、金银花、小壁、丁香、大叶黄杨、欧洲绣球、小叶女贞、海州常山、接骨木、地锦、五叶地锦、菖蒲、鸢尾、金鱼草、万寿菊、野牛草、紫茉莉、半支莲、蜀葵等。

（4）抗汞污染的植物：刺槐、槐、毛白杨、垂柳、桂香柳、义冠果、小叶女贞、连翘、丁香、紫藤、木槿、欧洲绣球、榆叶梅、山楂、接骨木、金银花、大叶黄杨、小叶黄杨、海州常山、美国凌霄、常春藤、地锦、五叶地锦、含羞草等。

（5）抗以硫化氢为主的复合有毒气体的植物：臭椿、栾树、银白杨、刺槐、泡桐、新疆核桃、桑树、榆树、桧柏、连翘、小叶白蜡、皂荚、龙爪柳、五角枫、梨、苹果、悬铃木、青杨、毛樱桃、加拿大杨等。

（6）抗噪声、吸尘效果好的树种：桧柏、龙柏、毛白杨、银杏、国槐、臭椿、蜡梅、悬铃木、泡桐、广玉兰、梧桐、木槿、丁香、紫薇、榆、核桃、板栗、侧柏、华山松、朴树、重阳木、刺槐、女贞、大叶黄杨、三角枫、夹竹桃等。

4. 土壤与植物景观

下面主要介绍喜酸性树种、耐瘠薄树种、耐碱性树种。

（1）喜酸性树种：杜鹃、茶花、金叶女贞、含笑、玉兰、杜仲、苏铁、栀子、瑞香、马尾松、石楠等。

（2）耐瘠薄树种：马尾松、油松、构树、酸枣、小檗、沙棘、刺槐、黑松、油松、榆树、合欢等。

（3）耐碱性树种：柽柳、紫穗槐、沙棘、沙枣、刺槐、垂柳、旱柳、臭椿、苦楝、毛白杨、杂交杨、桑树、梨树、杏树、枣树、泡桐、白蜡条等。

2

植物的功能作用及实现途径

2.1 建造功能及实现途径

植物的建造功能对室外环境的总体布局和室外空间的形成非常重要，在设计过程中，首先要研究的因素之一便是植物的建造功能。植物的建造功能确定以后，才考虑其观赏特性。

植物在景观中的建造功能是指它能像建筑物的地面、天花板、围墙、门窗一样，充当空间构成元素，从而界定空间类型。

1. 植物的空间感

空间感是指由地平面、垂直面及顶平面单独或共同组合成的具有实在的或暗示性的范围围合，植物可以用于空间中的任何一个平面。

（1）垂直面——植物作为园林中的墙体

墙体可以围合和分割空间，创造边界，给人以方向感。园林景观设计不仅仅以实墙限制着空间，而且多以暗示的方式，如以植物种植的方式形成垂直面，这时空间的封闭程度随种植方式和植物种类的不同而发生变化。

首先，树干如同直立于外部空间中的支柱，其空间封闭程度随树干的大小、疏密程度及种植形式而不同。树干越多（如自然界的森林），空间围合感越强（图2-1-1）。种满行道树的道路、乡村中的植篱或小块林地都是利用树干来暗示空间的。即便在冬天，无叶的枝丫也暗示着空间的界限（图2-1-2）。

图2-1-1　森林

图 2-1-2 树干暗示空间的界限

其次，植物的叶丛也会影响空间围合。叶丛的疏密度和分枝的高度影响着空间的闭合感。阔叶或针叶越浓密、体积越大，其围合感越强。而落叶植物的封闭程度，随季节的变化而不同。在夏季，浓密树叶的树丛能形成一个个闭合的空间，从而给人内向的隔离感；而在冬季，同一个空间，则比夏季显得更大、更空旷，因为植物落叶后人们的视线能延伸到所限制的空间范围以外的地方。在冬天，落叶植物靠枝条暗示着空间范围，而常绿植物在垂直面上能形成常年稳定的空间封闭效果（图 2-1-3）。

图 2-1-3 夏季、冬季叶丛的不同空间封闭效果

植物常通过以下几种方式形成垂直面：

①规则式：绿篱、行道树、林荫广场。

②自然式：密生林、密植散生、密植到散生、疏林。

（2）顶平面——植物作为园林中的顶棚

园林中的顶棚可以是天空，可以是建筑小品（亭、廊、棚架等），也可以由植物组成，成为绿色的顶棚。顶棚形式在自然与人工之间交替变换，能赋予园林多样的空间变化，赋予游人丰富的心理感受。

植物的枝叶犹如室外空间的天花板，限制了延伸向天空的视线，并影响着垂直面上的尺度（图 2-1-4）。当然，也存在着许多可变因素，如季节、枝叶密度及树木本身的种植形式。当树木树冠相交覆盖遮蔽了阳光时，其顶面的封闭感最强，这时树木的间距一般为 3~5m；如果树木的间距超过 9m，便会失去视觉效应。

图 2-1-4 枝叶如室外空间的顶棚

植物常通过以下几种方式形成顶平面（图2-1-5）：

①树丛。同种或不同种的树木种植在一起，顶部枝叶交叉就成为绿色的顶棚。它是地面与天空交会的场所，既允许部分阳光穿透，又能看透些许蓝天。

②棚架。园林中用木材、石材、金属、砖等建成的棚架，既可以独立存在，也可以与攀缘植物共同形成绿色的顶平面，形成一个能遮风挡雨的阴凉私密空间。

③林荫道。林荫道能提供竖向的边界、限定线性的交通廊道，还能提供阴凉、遮挡寒风，其下空间舒适宜人。

图 2-1-5　植物形成顶平面

（3）地平面——植物作为园林中的地面

园林中的地面尤如建筑地面，为人们提供了园林的基本信息——场地的性质和功能。地面可以由石材、木料、灰泥、砂砾组成，也可以由不同的植物材料组成。基于环境心理学的研究，人们行走时的视线是水平向下的，所以地平面的景观也很重要。植物常通过草坪、地被植物、花坛、花镜等几种方式形成地平面（图2-1-6）。

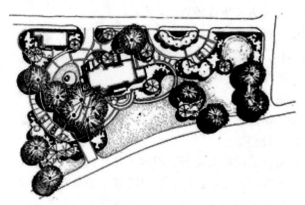

图 2-1-6　植物作地平面

在地平面上，可以用不同高度和不同种类的地被植物或矮灌木来暗示空间的边界。在此情形中，植物虽不是以垂直面上的实体来限制空间，但它确实在较低的水平面上筑起了一个空间。一块草坪和一片地被植物之间的交界处，虽不具有实体的视线屏障，却暗示着空间范围的不同。

空间的三个构成面（地平面、垂直面、顶平面）在室外环境中，以各种变化方式互相组合，形成各种不同的空间形式。但无论在何种情况下，空间的闭合度是随围合植物的高矮、大小、株距、密度及观赏者与周围植物的相对位置而变化的。例如，当围合植物高大、枝叶密集、株距紧凑，并与赏景者距离较近时，会显得空间非常封闭。

2. 植物构成的空间类型

当运用植物构成室外空间时，如同利用其他设计元素一样，设计师应首先明确设计目的和空间性质（开旷、封闭、隐秘、雄伟等），然后才能相应地选取和组织设计相关植物。

（1）开敞空间

开敞空间仅用低矮灌木及地被植物作为空间的限制因素。这种空间四周开敞、外向，无隐秘性，并完全暴露于天空和阳光之下（图 2-1-7）。

图 2-1-7　低矮灌木及地被植物形成开敞空间

（2）半开敞空间

半开敞空间一般有两种类型：

一种是与开敞空间相似，它的空间一面或多面部分受到较高植物的封闭，限制了视线的穿透。这种空间与开敞空间有相似的特性，不过开敞程度较小，其方向性指向封闭较差的开敞面。这种空间通常适于用在一则需要隐秘性、另一侧需要景观的环境中（图 2-1-8）。

图 2-1-8　半开敞空间视线朝向开敞面

另一种是利用具有浓密树冠的遮荫树，构成顶部覆盖而四周开敞的空间。一般来说，该空间为夹在树冠和地面之间的宽阔空间，人们能穿行或站立于树干之中。利用覆盖空间的高度，能形成垂直尺度的封闭感觉。这类空间较凉爽，视线通过四边出入。道路两旁的行道树交冠遮荫形成的覆盖空间可以增强道路直线前进的运动感（图 2-1-9、图 2-1-10）。

图 2-1-9　处于地面和树冠下的覆盖空间

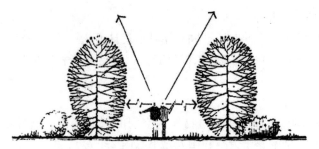

图 2-1-10 封闭垂直面、开敞顶平面的垂直空间

（3）完全封闭空间

完全封闭空间与上面的覆盖空间相似，但最大的差别在于，这类空间的四周均被中小型植物封闭。这种空间常见于森林中，它相当黑暗，无方向性，具有极强的隐秘性和隔离感（图 2-1-11）。

图 2-1-11 完全封闭空间

简而言之，设计师仅借助于植物材料作为空间限制的因素，就能建造出许多类型不同的空间（图 2-1-12）。

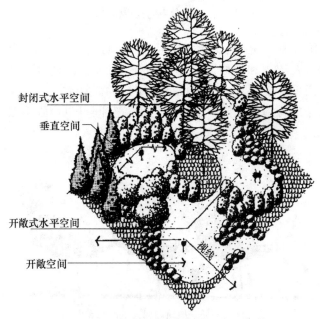

图 2-1-12 小型绿地上的空间组合示意图

设计师除能利用植物材料创造出各具特色的空间外，也能利用植物构成相互联系的空间序列，植物就像一扇扇门、一堵堵墙，引导游人进出和穿越一个个空间。在发挥这一作用的同时，植物一方面改变空间的顶平面的遮盖，另一方面有选择性地引导和阻止空间序列的视线。植物能有效地"缩小"空间和"扩大"空间，形成欲扬先抑的空间序列。

植物不但自身可以营造各种空间感，形成各种空间，而且通过与其他造景要素的布置，可以共同构成空间轮廓，组织地段内的空间结构。植物可以形成空间轴线、刻画道路，可以围出几何图形、勾画坐标网络，还可以区分空间的等级层次，标识空间的转折与过渡，达到设计师理想中的空间组合（图 2-1-13）。

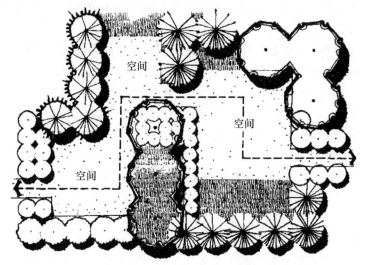

图 2-1-13 植物以建筑语言方式构成和连接空间序列

2.2 生态功能及实现途径

1. 净化空气

植物对空气的净化作用是非常重要的。

①吸收二氧化碳，放出氧气。生态系统中，二氧化碳和氧气的平衡主要靠植物来维持。植物的光合作用能大量吸收二氧化碳并释放出氧。其呼吸作用虽也释放出二氧化碳，但是植物在白天的光合作用所制造的氧比呼吸作用所消耗的氧多二十多倍，所以森林和绿色植物是地球上天然的吸碳制氧工厂。一个城市居民只要有 $10m^2$ 的绿地面积，就可以吸收其全部呼出的二氧化碳。事实上，加上城市燃料所产生的二氧化碳，城市每个人必须有 $30\sim40m^2$ 的绿地面积以吸收二氧化碳。

②吸收有害气体。城市的热电厂除排放大量 CO_2 外，也释放 SO_2、NO_2 等有害气体，加上汽车尾气、工业废气的排放，对人体危害很大。当废气和烟尘通过绿地后，其中 60％的 SO_2 被绿色植物的叶滞留，一般植物叶片含硫量可超过正常含量 5 倍。植物还可以吸收氟化氢、氯气等有害气体，并具有吸收和抵抗光化学烟雾污物的能力。

③吸收放射性物质。绿地中的树木不但可以阻隔放射性物质辐射的传播，而且可以

起到过滤吸收作用。因此在有辐射性污染的厂矿周围设置一定结构的绿化林带，在一定程度上可以防御和减少放射性污染的危害。

④吸滞粉尘。绿色植物枝叶对烟尘和粉尘有明显的阻挡、吸附和过滤作用，特别是叶面粗糙或带有分泌物的叶片和枝条，很容易吸附空气中的尘埃，经过雨水冲刷又能恢复吸滞能力。乔木、灌木枝繁叶茂，总叶面积大且粗糙，滞尘能力最强。草地也能吸附、固定尘埃。草木覆盖大地也大大减少了粉尘的污染，是天然的除尘器。

2. 净化水体

绿色植物能够净化污水，保护水质。城市和郊区的河流、湖泊、水库、池塘、沟渠等，有时会受到工厂排放的废水和居民生活污水的污染，使水质变差，而绿色植物则有净化污水的能力，在国外有些城市就利用水生植物和园林植物对污水进行消毒、杀菌、净化，效果良好。

许多水生植物和沼生植物对净化污水有明显的作用。据报道，芦苇能吸收酚及其他二十多种化合物，$1m^2$ 芦苇一年可积聚 9kg 的污染物质。在种有芦苇的水池中，水中的悬浮物减少 30%，氯化物减少 90%，有机氮减少 60%，磷酸盐减少 20%，氨减少 66%，总硬度减少 33%。水葱具有很强的吸收有机物的能力；凤眼莲能从污水中吸取银、金、汞、铅等重金属。将水葱、田蓟、水生薄荷放置在含细菌量为 600 万个/L 的污水中，2 天后大肠杆菌消失；将芦苇、小糠草、泽泻分别放在含细菌量为 600 万个/L 的污水中，12 天后，放芦苇的水中有细菌 10 万个，放小糠草的水中有细菌 12 万个，放泽泻的水中有细菌 10 万个，可见水生植物的污水净化作用十分明显。

3. 净化土壤

植物的根系能够吸收大量的有害物质，具有净化土壤的能力。有植物根系分布的土壤，好氧性细菌比没有根系分布的土壤多几百倍至几千倍，这些细菌能促使土壤中的有机物迅速无机化，既净化了土壤，又增加了肥力。草坪是净化城市土壤的重要植被，当裸露的土地种植草坪后，不仅可以改善地表的环境卫生，而且能改善地下的土壤卫生条件。

4. 杀菌作用

空气中散布着各种细菌、病原菌等微生物，其中不少是对人体有害的病菌，直接影响人们的身体健康。城市绿地中的植物所释放的分泌物具有杀菌作用。如景天科植物的汁液能消灭流行性感冒一类的病毒，效果比成药还好；松林放出的臭氧，能抑制和杀死结核菌；樟、桉的分泌物能杀死蚊虫，驱走苍蝇；$1hm^2$ 的桧柏林一昼夜能分泌出 30～60kg 植物杀菌素。在繁华闹市中每 $1m^3$ 空气中约有几十万个细菌，而郊区公园只有几千个，可见市区绿化之重要（表 2-2-1）。

表 2-2-1　不同空间含菌量

空间类型	含菌量（个/m^3）	空间类型	含菌量（个/m^3）	空间类型	含菌量（个/m^3）
公共场所	49700	植物园	1046	樟树林	1218
街道	44050	黑松林	589	柏树林	747
公园	6980	草地	688	杂木林	1965

5. 改善城市小气候

小气候主要指地层表面属性的差异性所造成的局部地区气候。其影响因素除太阳辐射和气温外，直接随作用层的狭隘地方属性而转移，如小地形、植被、水面等，特别是植被对地表温度和小区气候的温度影响更大。人类大部分活动在离地 2m 的范围内进行，也正是这一层给人以积极的影响。

(1) 调节温度

园林绿化可以调节气温，给人冬暖夏凉的作用。在炎热的夏季，树木庞大的叶面积可以遮阳，能有效地反射太阳辐射热，大大减少阳光对地面的直射。树木通过叶片蒸发水分，可降低自身的温度，提高附近空气的湿度。因而夏季绿地内的气温较非绿地低 3～5℃，较建筑物地区低 10℃ 左右。所以，在绿化好的地方，人们会感到空气清新。良好的绿化可为人们提供消暑纳凉、防暑降温的良好环境。在寒冷的冬季，树木较多的绿地中，由于树木能够降低风速、减弱冷空气的侵入，树林内及其背向的一侧，温度可提高 1～2℃。研究表明，在夏季，草坪表面温度比裸露地面低 6～7℃，比柏油路面低 8～20℃，有垂直绿化的墙面比清水红砖墙低 6～14℃；在冬季，草坪表面温度又比裸露地面高 4℃。

(2) 调节湿度

园林植物是湿度的"调节器"。森林及园林绿地中有很多花草树木，它们的叶表面积比其占地面积大得多。由于植物的生理机能，植物蒸腾产生大量的水分，增加了大气湿度，大片树林如同一个小水库，使林多草茂的地方雨雾增多。因此，夏季森林的空气湿度比城市高 38%，公园中的空气湿度比城市高 27%。行道树附近的空气湿度也能提高 10%～20%。而在冬季，绿地里的风速小，蒸发的水分不易扩散，水分的比热容大，林冠如同一个保温罩，防止热量迅速散失，使林内比无林地带气温高 2～4℃。

(3) 调节空气流动

树木降低风速的作用是明显的，并随着风速的提高而更加显著。当气流穿过绿地时，由于树木的阻截、摩擦和过筛作用，气流被分成许多小涡流。这些小涡流方向不一，彼此摩擦，消耗了气流的能量，因此，绿地中的树木能使强风变为中等速风，中等速风变为微风。据测定，在夏秋季节，树木能降低风速 50%～80%，冬季能降低风速 20%，而且降低风速的作用可影响到其高度的 10～20 倍。对夏季炎热的城市，合理的绿化布局可以改善城市通风条件，成为城市的"绿色通风渠道"，特别是在带状绿地的方向与该地夏季主导风向一致的情况下，可为炎夏的城市创造良好的通风条件。据前苏联测定，在大气平静无风时，由于绿化区和非绿化区之间的温度存在差异，绿地的气温较邻近地带的气温低，林地内的冷空气要向热空气地区流动，有时可产生速度为 1m/s 的风，从而在无风的天气下出现轻微的凉风，使人感到凉爽，也使城市污染的气体得以尽快稀释和扩散，有效地改善城市内的通风条件。

6. 保持水土

树木和草地对保持水土有非常显著的作用（图 2-2-1）。树木的枝叶覆盖着地面，当雨水下落时首先冲击树冠，然后穿透枝叶，不会直接冲击土壤表面，可以减少表土的流失。树冠本身还积蓄一定数量的雨水，加上树冠下往往有大量落叶、枯枝、苔藓等覆盖物，能吸收数倍于本身的水分，也防止了水土流失，这样就可以减少地表径流，减小流速，增加渗入土壤中的水量。森林中的溪水清澈，就是树木保持水土、涵养水源作用的证明。沼泽地里，植物的根系特别发达，在雨季，可蓄含大量水，避免水土流失，避免洪涝；在旱季，又可释放出大量水，起到抗旱作用。

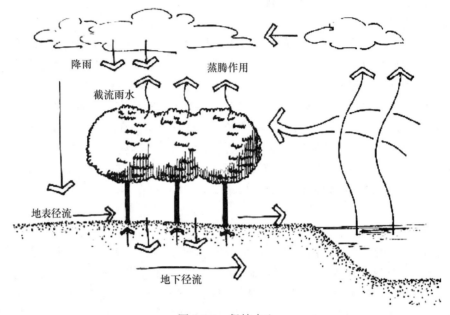

图 2-2-1 保持水土

7. 降低噪声

噪声主要来源于交通运输噪声、工业噪声、生活和社会活动场所的噪声。噪声已被列为城市环境的第三大公害，直接影响居民的身心健康。绿色植物茎、叶表面粗糙不平，有大量微孔和密密麻麻的绒毛，就像凹凸不平的吸声器，可减弱声波传递或使声波发生偏转和折射，从而降低声能。如行道树中的乔木、灌木、草本植物的均匀立体种植形成挡风墙，能起到很好的降噪效果。经测定，40m 宽的林带可降低噪声 10～15dB，30m 宽的林带可降低噪声 6～8dB，绿篱和灌木丛能降低噪声 5～7dB，道路绿化也可降低城市交通产生的噪声。江苏省植物研究所通过对林带结构与降噪效果进行研究时发现：林带宽度市内以 6～15m、市郊以 15～30m 为好；林带高度宜在 10m 以上；林带应尽量靠近声源而不是受声区；林带结构以乔、灌、草结合的精密林带为好；阔叶树比针叶树有更好的降噪效果，特别是高绿篱防噪效果最佳。

另外，城市绿地还具有保护农田、安全防护、监测环境污染等作用。加强绿化造林，并在工厂与农田之间建造防护林带，对减轻和防止烟气危害农田，保证农作物、蔬菜的丰收有重要意义。园林绿地可防御台风，有效减少台风破坏；在地震发生时，绿地可成为防灾避难场所。很多植物对环境的反应比人和动物要敏感得多，利用植物的这种敏感性可以监测环境污染，人们可以根据植物所表现出来的有关症状分析环境污染状况。

2.3 美学功能及实现途径

1. 完善作用

植物通过重现房屋的形状和块面的方式，或通过将房屋轮廓线延伸至其相邻的周围环境中的方式，而完善某项设计和为设计提供统一性。例如，一个房顶的角度和高度均可以用树木来重现，这些树木具有房顶的同等高度，或将房顶的坡度延伸融汇在环境中；反过来，室内空间也可以直接延伸到室外环境中，方法就是利用种植在房屋侧旁、具有与顶棚同等高度的树冠。所有这些表现方式，都能使建筑物和用围环境相协调，从视觉和功能上看作一个统一体（图 2-3-1）。

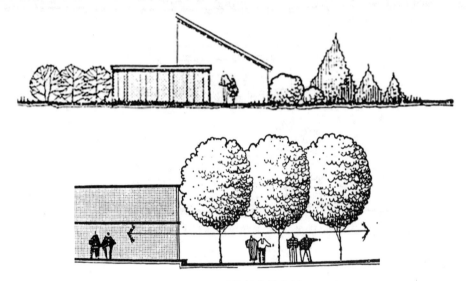

图 2-3-1　植物的完善作用

2. 统一作用

植物的统一作用，就是充当一条普通导线，将环境中所有不同成分从视觉上连接在一起。在户外环境的任何特定部位，植物都可以充当一种恒定元素，其他元素变化而自身始终不变。正是由于它在此区域的永恒不变性，将其他杂乱的景色统一起来。这一功能运用的典范，体现在城市中沿街的行道树，在那里，每一间房屋或商店门面都各自不同。如果沿街没有行道树，街景就会被分割成零乱的建筑物。另外，沿街的行道树又可充当与各建筑有关联的联系成分，从而将所有建筑物从视觉上连接成一个统一的整体（图 2-3-2）。

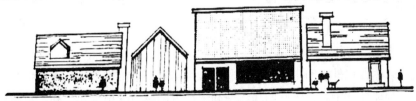

图 2-3-2　植物的统一作用

3. 强调作用

植物的另一美学功能，就是在户外环境中突出或强调某些特殊的景物（图 2-3-3）。强调作用通过借助与邻近景观不同的大小、形态、色彩或质地来完成。它能将观赏者的注意力集中到其所在的位置。鉴于植物的这一美学功能，它极适合用于公共场所出入口、交叉点、房屋入口附近，或与其他显著可见的场所相联系。

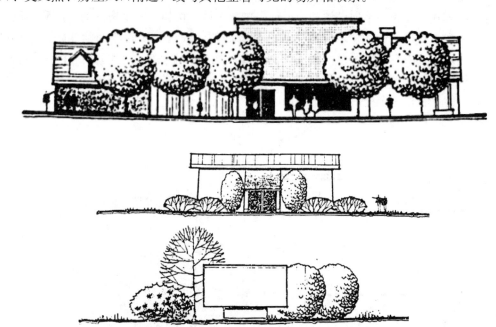

图 2-3-3　植物的强调作用

4. 识别作用

识别作用与强调作用极其相似。植物的这一作用，就是指出或"认识"一个空间或环境中某种景物的重要性和位置。植物能使空间更显而易见，更易被认识和辨明。植物特殊的大小、形状、色彩、质地或排列都能发挥识别作用，这就如同种植在一件雕塑作品之后的高大树木（图 2-3-4）。

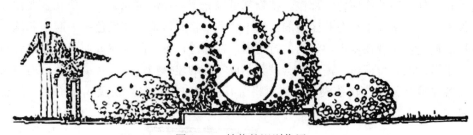

图 2-3-4　植物的识别作用

5. 软化作用

植物可以用在户外空间中软化或减弱形态粗糙及僵硬的构筑物。无论何种形态、质地的植物，都比那些呆板、生硬的建筑物和无植被的城市环境更显柔和。被植物所柔化的空间，比没有植物的空间更诱人、更富有人情味。

6. 框景作用

　　植物对可见或不可见景物，以及对展现景观的空间序列，都具有直接的影响。植物以其大量的叶片、枝干封闭了景物两旁，为景物本身提供开阔的、无遮挡的视野，从而达到将观赏者的注意力集中到景物上的目的。在这种作用下，植物同众多遮挡物围绕在景物周围，形成一个景框。

3

识别要点

3.1　常绿乔木的识别

1. 大叶女贞

别名：冬青、蜡树。

科属：木犀科，女贞属。

（1）形态特征（图 3-1-1）

树形：常绿乔木，高达 15m，树冠呈卵形。

树干：树皮灰褐色，相对平滑，大枝开展，小枝无毛。

叶：叶对生，革质，卵状披针形，长 6～12cm，深绿色。

花果：顶生圆锥花序，花白色，芳香。

图 3-1-1　形态特征

（2）物候习性

物候期：花期 6—7 月。

生长习性：喜温暖湿润气候、环境适应性强、生长迅速、耐修剪、对部分有害气体有一定的抗性。

（3）分布情况

我国长江流域以南地区为主要栽植区。

（4）设计应用（图 3-1-2）

绿篱；行道树；园景观赏树种；风景林；搭配造景。

图 3-1-2　设计应用

2. 广玉兰

别名：荷花玉兰、洋玉兰。

科属：木兰科，木兰属。

（1）形态特征（图 3-1-3）

树形：常绿乔木，高可达 30m，树冠呈圆锥形，条状剥落。

枝干：枝干挺拔，树皮呈灰褐色，小枝有绒毛。

叶：叶厚革质，卵状椭圆形，长 10～20cm，深绿色，表面富有光泽，背面有绒毛。

花果：花大而美丽，径达 15～25cm，白色，芳香，种子红色，卵形。

图 3-1-3　形态特征

（2）物候习性

物候期：花期 5—7 月，果熟期 9—10 月。

生长习性：喜光、喜温暖湿润气候、不耐寒、对多种有害气体有抗性。

（3）产地分布

原产地：美国东南地区。

现状分布：我国长江流域以南地区广泛种植，北方地区以盆植观赏。

（4）设计应用（图 3-1-4）

主景树、园景观赏树；庭荫树。

图 3-1-4　设计应用

3. 雪松

别名：喜马拉雅松。

科属：松科，雪松属。

（1）形态特征（图 3-1-5）

树形：常绿高大乔木，树高可达 75m，树冠呈圆锥形或阔圆锥形，树形高大挺拔，树冠开展。

枝干：树干通直挺拔，大枝平展，小枝稍下垂，树皮呈灰褐色或深褐色，幼时光滑，老龄树树皮呈不规则片状剥落。

叶：叶针形，灰绿色，长 2.5～5cm，横断面呈三角形。

花果：球果呈椭圆状卵圆形，长 6～12cm，顶端圆钝，果鳞扇状，成熟前呈深绿色，果熟后呈黄褐色或熟褐色。

图 3-1-5　形态特征

（2）物候习性

物候期：花期 10—11 月，果熟期翌年 10 月。

生长习性：喜光、耐阴、稍耐寒、喜凉爽气候、抗风、抗烟能力差、耐干旱、不耐水湿。

（3）分布情况

原产地：喜马拉雅山脉。

现状分布：我国各地区均有栽培。

（4）设计应用（图 3-1-6）

园景观赏树种；建筑前树种；园路景观树种；搭配造景；中心节点树种。

图 3-1-6　设计应用

4. 白皮松

别名：虎皮松、三针松。

科属：松科，松属。

（1）形态特征（图 3-1-7）

树形：常绿高大乔木，树高可达 25～30m，幼树树冠呈圆锥形，老龄树则呈扁球形或卵形。

枝干：幼龄树树皮呈青灰色，老龄树树皮呈灰白色或者乳白色，有时多分枝而无主干，树皮呈不规则鳞片状剥落，留出大片乳白色或灰白色斑块。

叶：叶针形，长而坚硬，2 针 1 束，围绕小枝叶生长，叶呈绿色，长 5～10cm。

花果：雌雄同株，球果呈卵形，长 5～8cm，果熟前深绿色，熟后黄褐色或枯褐色。

图 3-1-7　形态特征

（2）物候习性

物候期：花期 5 月，果熟期翌年 11 月。

生长习性：喜光、耐干旱、生长速度较慢、寿命长、对有害气体有一定的抗性。

（3）分布情况

原产地：中国和朝鲜半岛。

现状分布：现主要分布在我国西北、华北以及东北部分地区。

（4）设计应用（图 3-1-8）

古建、陵园树种；园景观赏树种；主景树种；搭配造景；抗污染树种。

图 3-1-8　设计应用

5. 油松

别名：红皮松、黑松。

科属：松科，松属。

（1）形态特征（图 3-1-9）

树形：常绿乔木，树高达 30～35m，青壮龄树冠常为塔形，老龄树冠常为平顶形或伞形。

枝干：树干挺拔，树皮灰褐色，鳞片状开裂，裂缝红褐色，小枝粗壮，浅绿色。

叶：针叶2针1束，粗硬，叶长7～5cm，叶色深绿。

花果：球果呈卵形或卵圆形，长4～9cm，鳞背隆起，熟时枯褐色。

图 3-1-9　形态特征

（2）物候习性

物候期：花期4—5月，果熟期翌年10月。

生长习性：强阳性树种、耐寒、耐干旱、喜光、生长速度中等，寿命超长，可达千年。

（3）产地分布

分布较广，以我国华北为分布中心，东北、西北、西南、华中、华东均有栽培。

（4）设计应用（图 3-1-10）

园景观赏树种；建筑前树种；行道树；古建庭园树种；经济林树种。

图 3-1-10　设计应用

6. 华山松

别名：青松、白松、云南五针松。

科属：松科，松属。

（1）形态特征（图 3-1-11）

树形：常绿高大乔木，树高可达30～35m，树冠呈圆锥形。

枝干：树干端直挺拔，树皮呈灰绿色，大枝粗壮斜向上生长，小枝呈绿色或灰绿色。

叶：叶针形，细长柔软，5针1束，叶长8～15cm，叶色灰绿。

花果：雌雄同株，球果呈圆锥形，长10～20cm，熟前绿色，熟后黄褐色。

图 3-1-11　形态特征

（2）物候习性

物候期：花期 4—5 月，果熟期翌年 9—10 月。

生长习性：喜光、耐寒、喜温凉湿润气候。

（3）产地分布

产于我国中部及西南地区，现主要分布在我国西南、中部、西北、华北、东北南部地区。

（4）设计应用（图 3-1-12）

园景观赏树种；风景林树种；搭配造景。

图 3-1-12　设计应用

7. 赤松

别名：日本赤松。

科属：松科，松属。

（1）形态特征（图 3-1-13）

树形：常绿高大乔木，树高可达 30～40m，树冠在赤松青壮年时呈圆锥形或伞形。

枝干：树干挺拔，树皮呈红褐色，表面呈不规则鳞状开裂、鳞片状剥落，大枝斜向上生长，小枝橙色或淡黄色，无毛，有少许白粉。

叶：线形，深绿色，有光泽，针叶 2 针 1 束，长 8～12cm。

花果：球果呈卵形或卵圆形，长 3～6cm，果鳞较薄，成熟前呈深绿色或紫色，果熟后呈黄褐色或熟褐色。

图 3-1-13 形态特征

（2）物候习性

物候期：花期 4—5 月，果熟期翌年 9—10 月。

生长习性：强阳性树种，抗风、喜光、耐寒、耐干旱、不耐盐碱、生长速度较快。

（3）产地分布

产于我国东北长白山以及北部沿海山地。辽宁、吉林、黑龙江、山东、江苏、内蒙古、河北、北京等地区有分布，在俄罗斯、日本和朝鲜半岛也有分布。

（4）设计应用（图 3-1-14）

园景观赏树种；行道树种；风景区绿化树种；经济林树种。

图 3-1-14 设计应用

8. 日本五针松

别名：五杈松、日本五须松、五针松。

科属：松科，松属。

（1）形态特征（图 3-1-15）

树形：常绿乔木，树高达 30m，青壮龄树冠呈塔形或锥形。

枝干：树干挺拔，树皮呈灰褐色，小枝粗壮，浅灰色。

叶：针叶 5 针 1 束，细短，叶长 3～5cm，叶色深蓝绿色。

花果：球果呈卵形或卵圆形，长 4～7cm，熟时褐色。

图 3-1-15 形态特征

（2）物候习性

物候期：花期 4—5 月，果熟期翌年 6 月。

生长习性：阳性树种，耐干旱、喜光、生长速度中等。

（3）产地分布

原产地：日本。

现状分布：我国长江流域为主要栽植区域。

（4）设计应用（图 3-1-16）

园景观赏树种；建筑前景观树种；盆景树；古建庭院树种。

图 3-1-16　设计应用

9. 红皮云杉

别名：红皮臭、高丽云松。

科属：松科，云杉属。

（1）形态特征（图 3-1-17）

树形：常绿高大乔木，树高可达 25～30m，树冠青壮龄树时呈塔形，老龄树呈不规则形。

枝干：树干端直，树皮红褐色或灰褐色，有裂纹，小枝浅黄褐色或淡红褐色，无粉，有时有短毛。

叶：呈线形，长 1～2cm，先端尖，叶端常反曲，横断面为四棱状形，叶色深绿，紧密列生于枝条上。

花果：球果较小，圆柱形，长 5～8cm，球果下垂，果鳞先端扇形，成熟前呈绿色，熟后呈黄褐色或熟褐色。

图 3-1-17　形态特征

（2）物候习性

物候期：花期5—6月，果熟期9—10月。

生长习性：喜凉爽湿润气候、喜光、耐阴、耐干冷、喜排水良好区域生长。

（3）产地分布

原产地：我国东北小兴安岭等山地区域，朝鲜及前苏联乌苏里地区亦产。

现状分布：我国黑龙江、吉林、辽宁、内蒙古等地，以及俄罗斯和朝鲜半岛均有分布。

（4）设计应用（图3-1-18）

园景观赏树种；山地风景树种；搭配造景；经济林树种、山地造林树种。

图 3-1-18　设计应用

10. 圆柏

别名：桧柏、刺柏。

科属：柏科，圆柏属。

（1）形态特征（图3-1-19）

树形：常绿乔木，树高可达15～20m，幼树树冠呈圆锥形，老龄树冠呈卵形或不规则形。

枝干：圆柏树皮呈灰褐色，有条状浅纵裂纹，细条状剥落，小枝片扁平，竖直排列，灰绿色或绿色。

叶：幼树常为刺叶，长0.6～1.2cm，3枝轮生，老树常为鳞叶。

花果：果呈球形，长0.6～1cm，初为绿色，熟后为褐色。

花　　　　　　　果　　　　　　干　　　　　　　叶

图 3-1-19　形态特征

（2）物候习性

物候期：花期3—4月，果熟期翌年10—12月。

生长习性：喜光、耐寒、耐干旱贫瘠、生长较慢、寿命长、抗污染、耐修剪、适应性强。

（3）产地分布

产于我国北部及中部地区。

（4）设计应用（图3-1-20）

园景观赏树种；绿篱树种；庙宇及古建园林树种；搭配造景；绿化隔离带树种；经济林树种。

图 3-1-20 设计应用

11. 龙柏

别名：桧柏、刺柏。

科属：柏科，圆柏属。

（1）形态特征（图3-1-21）

树形：常绿乔木，树高可达8～10m，为桧柏的变种，树冠呈柱状，犹如盘旋上升的龙体。

枝干：树皮呈灰褐色，侧枝短，扭曲上升环抱主干。

叶：鳞叶，嫩时黄绿色，后逐渐变成深绿色或灰绿色。

花果：果呈球形，熟前白灰色，熟后深褐色。

花　　　　　　　　　果　干　　　　叶

图 3-1-21 形态特征

（2）物候习性

物候期：花期3—4月，果熟期翌年10—12月。

生长习性：喜光、耐寒、生长较慢、抗污染、耐修剪、适应性强。

（3）产地分布

我国华北及长江流域园林绿化中广泛应用。

（4）设计应用（图 3-1-22）

整形树种；古建园林树种；园景观赏树种；搭配造景；盆景树种；抗污染树种。

图 3-1-22　设计应用

12. 侧柏

别名：扁柏、柏树、黄柏、香柏、扁松。

分类：常绿乔木。

科属：柏科，侧柏属。

（1）形态特征（图 3-1-23）

树形：常绿乔木，树高可达 15～20m，幼树树冠呈尖塔形，老龄树树冠呈不规则形。

枝干：树皮灰褐色，条状纵裂纹，细条状剥落，小枝片扁平，竖直排列，灰绿色。

叶：叶形呈鳞片状，交互对生，两面均为绿色。

花果：球果呈卵形，长约 12cm，初为绿色，熟后为褐色。

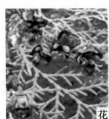

图 3-1-23　形态特征

（2）物候习性

物候期：花期 4—5 月，果熟期 10 月。

生长习性：喜光、耐干旱贫瘠、生长较慢、寿命长、抗污染、耐修剪。

（3）产地分布

原产地：我国北部地区。

现状分布：我国南北各地均有栽培。

（4）设计应用（图 3-1-24）

绿篱树种；寺庙及古建园林树种；园景观赏树种；搭配造景；绿化隔离带树种。

图 3-1-24 设计应用

13. 铅笔柏

别名：扁柏、柏树、黄柏、香柏、扁松。

科属：柏科，侧柏属。

（1）形态特征（图 3-1-25）

树形：常绿乔木，树高可达 15～20m，幼树树冠呈尖塔形，老龄树树冠呈不规则形。

枝干：树皮灰褐色，条状纵裂纹，细条状剥落，小枝片扁平，竖直排列，灰绿色。

叶：叶形呈鳞片状，交互对生，两面均为绿色。

花果：球果呈卵形，长约 12cm，初为绿色，熟后为褐色。

图 3-1-25 形态特征

（2）物候习性

物候期：花期 4—5 月，果熟期 10 月。

生长习性：喜光、耐干旱贫瘠、生长较慢、寿命长、抗污染、耐修剪。

（3）产地分布

原产地：我国北部地区。

现状分布：我国南北各地均有栽培。

（4）设计应用（图 3-1-26）

绿篱树种；寺庙及古建园林树种；园景观赏树种；搭配造景；绿化隔离带树种。

图 3-1-26　设计应用

3.2　落叶乔木的识别

1. 毛白杨

别名：白杨、笨白杨、响杨。

科属：杨柳科，杨属。

（1）形态特征（图 3-2-1）

树形：落叶高大乔木，树高可达 25～30m，树冠呈卵圆形或扁球形。

枝干：树皮青白色，成年树树皮有不规则灰褐色孔眼，老树树皮深灰色且有纵向裂纹，大枝粗壮，斜向上生长，小枝青绿色。

叶：叶呈三角状卵圆形，边缘有不规则裂齿，正面绿色且表面光亮，背面被灰白色绒毛，叶长 10～15cm。

花果：果穗长 10～15cm，种子有毛，果开裂，飞絮。

图 3-2-1　形态特征

（2）物候习性

物候期：3—4 月开花，4 月初展叶，11 月中旬落叶。

生长习性：喜光、耐寒、喜湿凉气候、抗污染、生长迅速。

（3）分布情况

原产地：原产于我国华北地区，是我国特有的优质乡土树种。

现状分布：在我国有悠久的栽培历史，主要分布于我国华北、东北、西北等地区，集中分布于黄河中下游地区。

（4）设计应用（图 3-2-2）

行道树；园景观赏树种；防护林树种；风景林；搭配造景；经济林树种。

图 3-2-2　设计应用

2. 加杨

别名：加拿大杨、欧美杨。

科属：杨柳科，杨属。

（1）形态特征（图 3-2-3）

树形：落叶高大乔木，树高可达 25～30m，树冠呈卵圆形。

枝干：树干粗壮端直，树皮粗糙，呈深灰褐色，有深纵裂纹，大枝粗壮。

叶：树叶近三角形，长 6～10cm，叶缘有不规则锯齿，端尖，正面深绿色，表面光亮，背面淡灰绿色，叶柄较长。

花果：雌雄异株，花序长 6～12cm。

图 3-2-3　形态特征

（2）物候习性

物候期：4 月初展叶，10 月中下旬落叶。

生长习性：喜光、耐寒、生长迅速、抗污染、寿命较短。

（3）分布情况

原产地：北美东部。

现状分布：我国华北、西北、东北南部及长江流域均有栽培。

（4）设计应用（图 3-2-4）

行道树；庭荫树；园景观赏树种；防护林；搭配造景。

图 3-2-4　设计应用

3. 钻天杨

别名：美杨、美国白杨。

科属：杨柳科，杨属。

（1）形态特征（图 3-2-5）

树形：落叶高大乔木，树高可达 25～30m，树冠呈圆柱形。

枝干：树干通直，树皮深灰色，有纵裂，大枝直立向上生长。

叶：叶呈三角形，长 6～10cm，叶缘有不规则齿纹，叶面富有光泽。

花果：花序长 6～8cm。

图 3-2-5　形态特征

（2）物候习性

物候期：4 月中旬展叶，10 月中下旬落叶。

生长习性：喜光、耐寒、耐旱、生长迅速、寿命较短。

（3）分布情况

原产地：意大利。

现状分布：主要集中分布于我国华北和西北地区，东北及长江流域也有栽植。

（4）设计应用（图 3-2-6）

行道树；园景观赏树种；风景林；搭配造景。

图 3-2-6　设计应用

4. 垂柳

别名：倒挂柳。

科属：杨柳科，柳属。

（1）形态特征（图 3-2-7）

树形：落叶乔木，高达 15～18m，树冠呈倒卵形。

枝干：树皮深灰色，纵裂，分枝多而密，小枝下垂，黄绿色。

叶：叶呈披针形，单叶互生，长 8～12cm，叶缘有锯齿，端尖，正面绿色且富有光泽，反面灰绿色。

花果：雌雄异株，花序黄绿色，呈圆柱形，长 2～4cm。

图 3-2-7　形态特征

（2）物候习性

物候期：4 月花开，11 月初开始落叶。

生长习性：喜湿、耐旱、喜光、生长快，对有害气体有一定的抗性。

（3）分布情况

在我国分布极其广泛，主要分布在长江流域，南北各地均有栽培。

（4）设计应用（图 3-2-8）

园景观赏树；水岸树种；搭配造景。

图 3-2-8　设计应用

5. 龙爪柳

别名：龙须柳。

科属：杨柳科，柳属。

（1）形态特征（图 3-2-9）

树形：落叶小乔木，高达 12m，树冠呈不规则形。

枝干：树干粗糙，树皮深灰色，纵裂，枝条扭曲，宛如龙须。

叶：叶呈披针形，长 5～10cm，叶缘有锯齿，端尖，叶面卷曲，正面绿色且富有光泽，叶背灰白色。

花果：雌雄异株，花序呈黄绿色，呈圆株状，长 2～4cm。

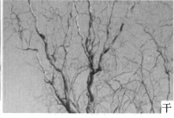

图 3-2-9　形态特征

（2）物候习性

物候期：4 月中下旬花开，11 月初开始落叶。

生长习性：喜光、耐寒，生长较慢。

（3）分布情况

原产地：我国北方地区。

现状分布：以我国北方地区最为常见，西北、华北、东北等区域均有栽培。

（4）设计应用（图 3-2-10）

行道树；园景观赏树种。

图 3-2-10　设计应用

6. 旱柳

别名：柳树、立柳。

科属：杨柳科，柳属。

（1）形态特征（图 3-2-11）

树形：落叶乔木，高达 20m，树冠呈广卵形。

枝干：幼树树皮光滑，呈黄绿色，老树树皮粗糙，呈深灰色，有不规则纵裂，大枝粗壮，斜向上生长，小枝细长且表皮光滑。

叶：叶呈披针形，长 5～10cm，叶缘有锯齿，端尖，叶正面绿色，表面富有光泽，叶背灰绿色。

花果：雌雄异株，花序呈圆柱形，黄绿色，长 2～4cm。

图 3-2-11　形态特征

（2）物候习性

物候期：3 月萌芽，4 月中下旬花开，11 月初开始落叶。

生长习性：喜光、耐寒、环境适应性强、生长迅速。

（3）分布情况

北方地区分布广泛，以黄河流域为栽培中心，是西北、华北、东北主要绿化树种之一。

（4）设计应用（图 3-2-12）

行道树、高速公路绿化树种；园景观赏树种；防护林树种；护岸树种；搭配造景。

图 3-2-12　设计应用

7. 馒头柳

科属：杨柳科，柳属。

（1）形态特征（图 3-2-13）

树形：落叶乔木，高达 10～15m，树形整齐，树冠呈半圆形。

枝干：树皮深灰色，纵裂，分枝多而密，枝条黄绿色。

叶：叶呈披针形，长 5～8cm，叶缘有锯齿，端尖，叶面深绿色，叶背灰白色。

花果：花序黄绿色，呈圆柱形，长 2～4cm。

图 3-2-13　形态特征

（2）物候习性

物候期：4 月中下旬花开，11 月初开始落叶。

生长习性：耐旱、喜光、耐湿、环境适应性强。

（3）分布情况

原产地：我国北方地区。

现状分布：以我国北方地区最为常见，西北、华北、东北均有栽培。

（4）设计应用（图 3-2-14）

行道树；园景观赏树种；水岸树种；搭配造景。

图 3-2-14　设计应用

8. 金丝垂柳

别名：垂柳。

科属：杨柳科，柳属。

（1）形态特征（图 3-2-15）

树形：落叶乔木，高可达 10m 以上，树冠呈长卵圆形或卵圆形。

枝干：枝条细长下垂，小枝呈黄色或金黄色。

叶：叶呈狭长披针形，长 9～14cm，叶缘有细锯齿。

花果：雌雄异株，花序呈黄绿色，呈圆柱形，长 2～4cm。

（2）物候习性

物候期：4 月花开，11 月初开始落叶。

生长习性：喜光、较耐寒，性喜水湿、也能耐干旱，以湿润、排水良好的土壤为宜。

图 3-2-15　形态特征

（3）分布情况

现状分布：沈阳以南大部分地区有栽培。

（4）设计应用（图 3-2-16）

行道树；园景观赏树种；庭荫树；搭配造景；城市绿化；水边树种。

图 3-2-16　设计应用

9. 国槐

别名：槐树。

科属：豆科，槐属。

（1）形态特征（图 3-2-17）

树形：落叶乔木，高达 20～30m，树冠呈卵形或扁球状。

枝干：枝干挺拔，树皮灰黑色，纵裂。

叶：羽状复叶互生，小叶 6～15 枚，叶呈卵状椭圆形，全缘，长 2.5～5cm，绿色。

花果：花乳白色，圆锥花序，荚果含珠状。

图 3-2-17　形态特征

（2）物候习性

物候期：7—8月开花。

生长习性：喜光、耐寒、抗污染、寿命长、耐修剪。

（3）分布情况

原产地：中国北部。

现状分布：沈阳以南至华南、西南各地均有栽培。

（4）设计应用（图3-2-18）

行道树；园景观赏树种；庭荫树；防护林树种；风景林；搭配造景。

图3-2-18　设计应用

10. 龙爪槐

别名：垂槐、盘槐

科属：豆科，槐属。

（1）形态特征（图3-2-19）

树形：落叶小乔木，槐树的观赏变种，树冠呈伞状。

枝干：树皮深灰色，纵裂，枝条扭曲下垂，颇为艺术化。

叶：羽状复叶，卵状椭圆形，全缘。

花果：锥状花序，花乳白色。

花　　　　　　　　　　干　　　　　　　　　　叶

图3-2-19　形态特征

（2）物候习性

物候期：7—8月开花。

生长习性：喜光、耐寒、耐旱、环境适应能力强。

（3）分布情况

现状分布：沈阳以南至华南地区均有栽培。

（4）设计应用（图 3-2-20）

行道树；古建入口绿化用树；园景观赏树种；搭配造景。

图 3-2-20　设计应用

11．皂荚

别名：皂角。

科属：豆科，皂荚属。

（1）形态特征（图 3-2-21）

树形：落叶乔木，树形高大，树高可达 25～30m，树冠呈卵形或扁圆形。

枝干：树皮呈灰褐色，树干及大枝上具尖锥形硬刺。

叶：偶数羽状复叶，3～7 对，叶呈卵状椭圆形，叶缘有细小锯齿。

花果：荚果直而扁平，长 12～30cm。

图 3-2-21　形态特征

（2）物候习性

物候期：花期 5 月，果熟期 10 月。

生长习性：喜光、耐干旱、喜温暖湿润气候、生长慢、抗污染。

（3）分布情况

原产地：中国。

现状分布：我国黄河流域及以南地区均有栽培。

（4）设计应用（图 3-2-22）

庭荫树；园景观赏树种；工厂绿化树种。

图 3-2-22　设计应用

12. 合欢

别名：马缨花、绒花树、合昏、夜合花。

科属：豆科，合欢属。

（1）形态特征（图 3-2-23）

树形：落叶乔木，高达 10～15m，树冠呈伞形。

枝干：树皮灰褐色，光滑，小枝无毛。

叶：二回偶数羽状复叶，小叶弯刀形，长 0.6～1.5cm，端尖，绿色。

花果：花粉红色，如绒缨，荚果条形，扁平。

图 3-2-23　形态特征

（2）物候习性

物候期：6—7 月开花，9—10 月果熟。

生长习性：喜光、耐寒、耐旱、不耐修剪、怕水湿。

（3）分布情况

原产地：亚洲和非洲。

现状分布：我国黄河流域及其以南地区均有栽培。

（4）设计应用（图 3-2-24）

园景观赏树种；行道树；庭荫树；风景林；搭配造景。

图 3-2-24　设计应用

13. 紫叶李

别名：红叶李。

科属：蔷薇科，梅属。

（1）形态特征（图 3-2-25）

树形：落叶小乔木，高达 4～6m，树冠呈扁球形。

枝干：树皮呈暗红紫色，小枝光滑无毛。

叶：叶呈卵形或卵状椭圆形，长 3～5cm，端尖，紫红色。

花果：花淡粉色，叶前开放或与叶同时开放，果呈球形，暗红色，径 1～1.5cm。

图 3-2-25　形态特征

（2）物候习性

物候期：花期 4 月上旬。

生长习性：喜光、喜温暖湿润气候、抗有害气体。

（3）分布情况

原产地：亚洲西部。

现状分布：我国各地均有栽培。

（4）设计应用（图 3-2-26）

道路绿化树种；园景观赏树种；搭配造景；风景林。

图 3-2-26　设计应用

14. 苹果

别名：苹果树。

科属：蔷薇科，苹果属。

（1）形态特征（图 3-2-27）

树形：落叶乔木，高达 15m，树冠呈扁圆形。

枝干：树皮灰褐色，小枝呈紫褐色。

叶：叶呈椭圆形或卵形，叶缘有锯齿，叶色深绿，叶背有毛，长 5～10cm。

花果：花白色，伞房花序，果呈圆球形，较大，两端均有凹口。

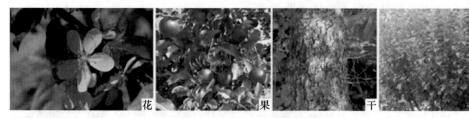

图 3-2-27　形态特征

（2）物候习性

物候期：5 月开花，7—10 月果熟。

生长习性：喜光、喜冷凉干燥气候。

（3）分布情况

原产地：欧洲及亚洲中部地区。

现状分布：我国华北、西北、东北为主要栽培区域。

（4）设计应用（图 3-2-28）

园景观赏树种；果木采摘园；果树。

图 3-2-28　形态特征

15. 碧桃

别名：千叶桃花。

科属：蔷薇科，梅属。

（1）形态特征（图 3-2-29）

树形：落叶乔木，高达 5～8m，树冠呈半圆形或卵圆形。

枝干：小枝红褐色，光滑无毛。

叶：单叶互生，椭圆状披针形，长 7～15cm，端尖。

花果：花有白色、红色、粉色等多种颜色，核果球形。

图 3-2-29 形态特征

（2）物候习性

物候期：花期 4—5 月。

生长习性：喜光、耐旱、稍耐寒。

（3）分布情况

产地分布：我国东北南部至华南园林中均有栽培。

（4）设计应用（图 3-2-30）

园路绿化树种；园景观赏树；滨水绿化树种；风景林；专类园；搭配造景。

图 3-2-30 设计应用

16. 山桃

别名：野桃、山毛桃。

科属：蔷薇科，梅属。

（1）形态特征（图 3-2-31）

树形：落叶小乔木，高达 5～10m。

枝干：树皮紫红色，无毛，表皮富有光泽，小枝纤细，褐色或灰绿色。

叶：单叶互生，叶呈长卵状披针形，长 6～10cm。

花果：花单生，单瓣或重瓣，白色或淡粉色，核果球形，径约 3cm。

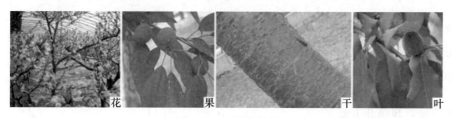

图 3-2-31 形态特征

（2）物候习性

物候期：花期 3 月底至 4 月上旬。

生长习性：喜光、耐寒、耐旱、环境适应性强。

（3）分布情况

原产地：我国黄河流域。

现状分布：我国辽宁以南至中南地区均有栽培。

（4）设计应用（图 3-2-32）

观赏花木；道路绿化树种；高速公路绿化树种；风景林；搭配造景。

图 3-2-32　设计应用

17. 山杏

别名：西伯利亚杏。

科属：蔷薇科，梅属。

（1）形态特征（图 3-2-33）

树形：落叶小乔木，高达 3～5m。

枝干：树皮深褐色，小枝褐色。

叶：叶呈卵圆形，较小，端尖，叶缘有小钝齿，叶长 3～5cm。

花果：花单生，粉白色，叶前开花，核果球形，径 2～3cm，果小肉薄，密生茸毛。

图 3-2-33　形态特征

（2）物候习性

物候期：花期 4 月，6—7 月果熟。

生长习性：喜光、耐寒、耐干旱、环境适应性强。

（3）分布情况

原产地：我国北方地区。

现状分布：我国东北、华北、西北为主要种植区。

（4）设计应用（图 3-2-34）

园景观赏树；荒野绿化树种；水土保持树种；风景林；搭配造景。

图 3-2-34　设计应用

18. 白梨

科属：蔷薇科，梨属。

（1）形态特征（图 3-2-35）

树形：落叶乔木，高达 5～8m。

枝干：树皮灰褐色，小枝幼时有毛。

叶：叶呈卵形或椭圆形，长 5～10cm，叶缘有锯齿，叶色深绿。

花果：花白色，伞房花序，果大，熟时黄色。

花　　　　果　　　　干　　　　叶

图 3-2-35　形态特征

（2）物候习性

物候期：4 月开花，8 月果熟。

生长习性：喜光、耐寒、喜干冷气候。

（3）分布情况

原产地：我国北部地区。

现状分布：主要栽培集中于我国北方地区。

（4）设计应用（图 3-2-36）

园景观赏树种；采摘园树种；果树。

图 3-2-36　设计应用

19. 豆梨

别名：棠梨。

科属：蔷薇科，梨属。

（1）形态特征（图 3-2-37）

树形：落叶乔木，高达 8～10m，树冠呈扁球形。

枝干：树皮呈深褐色，小枝具刺，幼枝密被灰白色绒毛。

叶：叶呈菱状长卵形，叶长 4～8cm，叶缘有锯齿，叶柄较长，叶色深绿。

花果：花白色，伞形花序，果小，径 0.5～1cm，熟时黄褐色。

图 3-2-37　形态特征

（2）物候习性

物候期：4 月下旬开花，10 月果熟。

生长习性：喜光、耐寒、耐干旱、适应性强、寿命长。

（3）分布情况

原产地：我国东北南部及内蒙古地区。

现状分布：我国东北、西北、华北为主要栽培区域。

（4）设计应用（图 3-2-38）

园景观花木；绿篱；防护林；荒山绿化树种。

图 3-2-38　设计应用

20. 樱花

别名：山樱桃。

科属：蔷薇科，梅属。

（1）形态特征（图 3-2-39）

树形：落叶乔木，高达 20～25m。

枝干：树皮深褐色，光滑，小枝红褐色，无毛。

叶：单叶互生，叶呈卵状椭圆形，端尖，叶有锯齿，叶长 5～10cm，叶色深绿。

花果：花白色或淡粉色，核果球形。

图 3-2-39　形态特征

（2）物候习性

物候期：4 月初叶前开花。

生长习性：喜光、稍耐寒、耐旱。

（3）分布情况

原产地：中国、日本及朝鲜。

现状分布：我国东北地区南部至长江中下游。

（4）设计应用（图 3-2-40）

园林观赏树木；风景林；园路绿化树种；建筑前绿化树种；温泉度假村绿化用树；专类园。

图 3-2-40　设计应用

21. 鸡爪槭

别名：鸡爪枫。

科属：槭树科，槭树属。

（1）形态特征（图 3-2-41）

树形：落叶小乔木，高达 5～10m，树冠呈伞形。

枝干：树皮灰色，大枝斜向上展，小枝细长光滑。

叶：叶掌状，常有 5～9mm 深裂，端尖，叶缘有锯齿，叶形如鸡爪。

花果：花紫红色，伞房花序。

图 3-2-41　形态特征

（2）物候习性

物候期：花期 4—5 月。

生长习性：喜湿润温暖气候、耐寒性不强。

（3）分布情况

原产地：中国、日本和朝鲜。

现状分布：主要分布于我国长江流域及华北部分地区。

（4）设计应用（图 3-2-42）

园景观赏树种；盆景树种；搭配造景；风景林。

图 3-2-42　设计应用

22. 三角槭

别名：三角枫。

科属：槭树科，槭属。

（1）形态特征（图 3-2-43）

树形：落叶乔木，高 5～10m，树冠呈广卵形。

枝干：树皮褐色或深褐色，粗糙，当年生枝紫色或紫绿色，无毛。

叶：叶纸质，基部近于圆形或楔形，外观呈椭圆形或倒卵形，长 6～10cm。

花果：花多数常呈顶生被短柔毛的伞房花序，果黄褐色，小坚果特别凸起，直径 6mm。

图 3-2-43 形态特征

（2）物候习性

物候期：花期 4 月，果期 8 月。

生长习性：喜光、稍耐阴、喜温暖湿润气候、稍耐寒、较耐水湿、耐修剪。

（3）分布情况

现状分布：山东、河南、江苏、浙江、安徽、江西、湖北、湖南、贵州和广东等省均有栽培。

（4）设计应用（图 3-2-44）

庭荫树；行道树；护岸树种；绿篱。

图 3-2-44 设计应用

23. 元宝枫

别名：平基槭、华北五角枫。

科属：槭树科，槭树属。

（1）形态特征（图 3-2-45）

树形：落叶小乔木，高达 8～10m，树冠呈球形。

枝干：树干挺直，树皮麻黄色，纵裂，小枝浅灰色。

叶：单叶对生，掌形，常有五深裂，裂片端渐尖，秋叶橙黄色或红色。

花果：花淡黄色，翅果呈扁平形或元宝形。

（2）物候习性

物候期：4 月开花，10 月中旬进入色叶期。

生长习性：喜凉爽气候、耐寒、耐旱、耐半阴。

图 3-2-45　形态特征

（3）分布情况

原产地：中国华北及东北地区。

现状分布：我国东北、华北、华东以及西北部分省市均有栽培。

（4）设计应用（图 3-2-46）

行道树；庭荫树；园景观赏树种；搭配造景；风景林。

图 3-2-46　设计应用

24. 黄栌

别名：红叶。

科属：漆树科，黄栌属。

（1）形态特征（图 3-2-47）

树形：落叶小乔木，高达 5～8m，树冠呈球形。

枝干：树皮灰褐色，枝红褐色。

叶：单叶互生，卵圆形，长 4～8cm，全缘。

花果：花小，圆锥花序疏松，顶生，核果小，肾形扁平。

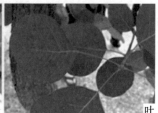

图 3-2-47　形态特征

（2）物候习性

物候期：花期 4—5 月，10 月进入色叶期。

生长习性：喜光、耐寒、抗有害气体。

（3）分布情况

原产地：中国、南欧及亚洲部分国家。

现状分布：主要分布于我国河北、北京、四川、河南、山东、陕西、湖南等地区。

（4）设计应用（图 3-2-48）

园景观赏树种；风景林树种；搭配造景。

图 3-2-48　设计应用

25. 黄连木

别名：楷木。

科属：漆树科，黄连木属。

（1）形态特征（图 3-2-49）

树形：落叶乔木，高达 25～30m，树冠呈卵形。

枝干：树皮灰褐色，裂成小方块状，小枝褐色，有毛。

叶：羽状复叶，互生，小叶 5～7 对，卵状披针形，长 5～8cm，全缘，秋叶色为橘红色，持续时间长。

花果：花小，黄绿色，核果球形。

花　　　　　果　　　　　干　　　　　叶

图 3-2-49　形态特征

（2）物候习性

物候期：花期 3—4 月。

生长习性：喜光、耐旱、生长慢、寿命长、适应性强。

（3）分布情况

原产地：地中海地区、亚洲和北美南部。

现状分布：我国黄河流域至华南、西南地区均有栽培。

（4）设计应用（图 3-2-50）

庭荫树；园景观赏树种；风景林；行道树。

图 3-2-50　设计应用

26. 火炬树

别名：鹿角漆。

科属：漆树科，漆树属。

（1）形态特征（图 3-2-51）

树形：落叶小乔木，高 5～8m。

枝干：树皮深褐色，纵裂，小枝密生长绒毛。

叶：奇数羽状复叶，小叶 11～31 枚，椭圆状披针形，长 5～12cm，叶缘有锯齿。

花果：圆锥花序，花小，淡绿色，核果球形，果穗密集，形同火炬。

花　　　　　　果　　　　　　干　　　　叶

图 3-2-51　形态特征

（2）物候习性

物候期：花期 5—7 月，10 月底进入色叶期。

生长习性：耐寒、耐旱、环境适应性强。

（3）分布情况

原产地：北美地区。

现状分布：集中分布于我国华北、西北地区。

（4）设计应用（图 3-2-52）

风景林；高速公路绿化树种；荒地绿化树种。

图 3-2-52 设计应用

27. 色木槭

别名：五角枫、地锦槭、五角槭、色木。

科属：槭科，槭亚属。

（1）形态特征（图 3-2-53）

树形：落叶乔木，高可达 20m，树冠呈半球形。

枝干：小枝细瘦，无毛，当年生枝绿色或紫绿色，多年生枝灰色或淡灰色，具圆形皮孔。

叶：叶纸质，基部近于心脏形，叶片的外貌近于椭圆形。

花果：花无毛的顶生圆锥状伞房花序，果嫩时紫绿色，成熟时淡黄色；小坚果压扁状，直径 2～2.5cm。

图 3-2-53 形态特征

（2）物候习性

物候期：花期 5 月，果期 9 月。

生长习性：稍耐阴，深根性，喜湿润肥沃土壤，在酸性、中性、石灰岩上均可生长。

（3）分布情况

原产地：中国。

现状分布：东北、华北和长江流域各省，蒙古、朝鲜和日本均有栽培。

（4）设计应用（图 3-2-54）

园林观赏树种；搭配造景；庭荫树；经济树种。

图 3-2-54　设计应用

28. 红枫

别名：紫红鸡爪槭、红枫树、红叶、小鸡爪槭。

科属：槭科，槭属。

（1）形态特征（图 3-2-55）

树形：落叶乔木，高 2～4m。

枝干：树皮光滑，呈灰褐色。枝条多细长光滑，偏紫红色。

叶：叶掌状，裂片卵状披针形，先端尾状尖，叶缘有重锯齿。

花果：伞房花序，顶生，杂性花。翅果，幼时紫红色，成熟时黄棕色，果核球形。

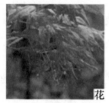   

花　　　　　果　　　　干　　　　叶

图 3-2-55　形态特征

（2）物候习性

物候期：花期 4—5 月，果熟期 10 月。

生长习性：喜湿润、温暖的气候和凉爽的环境，较耐阴、耐寒。

（3）分布情况

现状分布：主要分布在中国的亚热带地区，日本、韩国、美国等。

（4）设计应用（图 3-2-56）

园林观赏树木；搭配造景；行道树。

图 3-2-56　设计应用

29. 臭椿

别名：椿树。

科属：苦木科，臭椿属。

（1）形态特征（图 3-2-57）

树形：落叶乔木，高达 20～30m，树冠呈广卵形。

枝干：树干端直，树皮有纵裂，灰褐色或深褐色，小枝粗壮。

叶：羽状复叶，互生，小叶 13～25 枚，卵状披针形，长 7～12cm，全缘，深绿色。

花果：花小，黄绿色，翅果熟前红褐色，夺目耀眼。

花　　　　　　　果　　　　　　　干　　　　　　　叶

图 3-2-57　形态特征

（2）物候习性

物候期：花期 5—6 月。

生长习性：喜光、耐寒、耐干旱、抗污染、生长迅速。

（3）分布情况

原产地：中国北部区域、日本及朝鲜。

现状分布：广泛应用在城市园林绿化中，集中栽植于我国华北地区。

（4）设计应用（图 3-2-58）

庭荫树；行道树；园景观赏树种。

图 3-2-58　设计应用

30. 千头椿

科属：苦木科，臭椿属。

（1）形态特征（图 3-2-59）

树形：落叶乔木，臭椿的变种，树冠呈圆球形。

枝干：树干挺直，树皮灰褐色，无明显主干，分枝较多，斜展向上。

叶：奇数羽状复叶互生，叶卵状披针形。

花果：花小，黄绿色。

花   果   干   叶

图 3-2-59　形态特征

（2）物候习性

物候期：花期 5—6 月。

生长习性：喜光、耐寒、生长迅速。

（3）分布情况

原产地：中国。

现状分布：主要集中分布于我国北方园林和城市绿化中。

（4）设计应用（图 3-2-60）

行道树；广场树种；园景观赏树种；搭配造景；高速公路绿化树种。

图 3-2-60　设计应用

31. 榆树

别名：白榆、家榆。

科属：榆科，榆属。

（1）形态特征（图 3-2-61）

树形：落叶乔木，高达 25m，树冠呈卵圆形或扁球形。

枝干：树皮灰褐色，浅纵裂，小枝灰色或灰白色。

叶：叶卵状长椭圆形，端尖，叶缘有细小锯齿，叶长 5～8cm，单叶互生，叶面深绿色，富有光泽，叶背灰绿色。

花果：翅果近圆形，长 1～2cm，无毛。

花　　　　　果　　　　　干　　　　　叶

图 3-2-61　形态特征

（2）物候习性

物候期：4月展叶，5月果熟，10月中旬开始落叶。

生长习性：喜光、耐旱、耐寒、抗风、耐修剪、生长快、寿命长。

（3）分布情况

原产地：我国北方地区。

现状分布：我国东北、华北、西北、华中、华东地区均有分布。

（4）设计应用（图 3-2-62）

绿篱树种；行道树；观赏树；庭荫树；乡土绿化树种；防护林绿化造林树种；盆景树种。

图 3-2-62　设计应用

32. 朴树

别名：沙林。

科属：榆科，朴属。

（1）形态特征（图 3-2-63）

树形：落叶乔木，高达 10～15m，树冠呈扁球形。

枝干：树皮呈灰褐色，小枝褐色，无毛。

叶：叶呈卵形或椭圆形，浅绿色，有锯齿，叶端齿裂较深，叶长 8～15cm。

花果：果呈圆球形，熟时橙黄色，直径 1～1.5cm。

（2）物候习性

物候期：花期 4—5 月，果熟 8—9 月。

生长习性：喜光、耐寒、环境适应性强。

图 3-2-63　形态特征

（3）分布情况

原产地：我国华北地区。

现状分布：主要分布于我国华北及东北南部地区。

（4）设计应用（图 3-2-64）

行道树；园景观赏树种；风景林树种。

图 3-2-64　设计应用

33. 香椿

科属：楝科，香椿属。

（1）形态特征（图 3-2-65）

树形：落叶乔木，高达 15～25m，树冠呈广卵形或扁圆形。

枝干：树皮深褐色，条状剥裂，小枝粗壮，有柔毛。

叶：偶数羽状复叶，互生，小叶 10～22 枚，叶椭圆状披针形。

花果：花小，白色，有香味。

图 3-2-65　形态特征

（2）物候习性

物候期：花期 6—7 月。

生长习性：喜光、稍耐寒、生长迅速、抗污染。

（3）分布情况

原产地：中国。

现状分布：我国辽宁以南至西南各地均有栽培。

（4）设计应用（图 3-2-66）

庭荫树；行道树；园景观赏树种。

图 3-2-66 设计应用

34. 苦楝

别名：楝（本草径）、楝树、紫花树（江苏）、森树（广东）。

科属：楝科，楝属。

（1）形态特征（图 3-2-67）

树形：落叶乔木植物，高 10～20m。

枝干：树皮灰褐色，纵裂，分枝广展，小枝有叶痕。

叶：叶为 2～3 回奇数羽状复叶，长 20～40cm，小叶对生，卵形、椭圆形至披针形，顶生一片通常略大。

花果：圆锥花序约与叶等长，无毛或幼时被鳞片状短柔毛；核果球形至椭圆形，长 1～2cm。

图 3-2-67 形态特征

（2）物候习性

物候期：花期4—5月，果期10—12月。

生长习性：喜温暖、湿润气候，喜光，不耐庇荫，较耐寒，华北地区幼树易受冻害。

（3）分布情况

原产地：中国黄河以南各省区。

现状分布：亚洲热带和亚热带地区、温带地区。

（4）设计应用（图3-2-68）

园景观赏树种；搭配造景；庭荫树；矿区绿化树种；行道树。

图3-2-68　设计应用

35. 白玉兰

别名：玉兰、木兰、玉兰花。

科属：木兰科，木兰属。

（1）形态特征（图3-2-69）

树形：落叶乔木，高达15～20m，树冠呈卵形或扁球形。

枝干：树皮白灰色，光滑，幼枝及新芽具柔毛。

叶：叶互生，呈倒卵状椭圆形，黄绿色，长8～18cm，幼时叶背有毛。

花果：早春叶前开花，花大，白色，质地较厚，有芳香，花瓣共9片，果近圆柱状，长12～20cm。

图3-2-69　形态特征

（2）物候习性

物候期：花期3月下旬至4月中旬，11月初开始落叶。

生长习性：喜光、稍耐寒、寿命长。

（3）分布情况

原产地：中国。

现状分布：现主要分布于我国华北、华中、华南、华东各地园林中。

（4）设计应用（图3-2-70）

建筑前树种；园景观赏树种；古建园林树种；搭配造景；专类园树种。

图3-2-70 设计应用

36. 紫玉兰

别名：木兰、辛夷、木笔。

科属：木兰科，木兰属。

（1）形态特征（图3-2-71）

树形：名贵落叶灌木，高3～5m。

枝干：树皮呈灰白色，光滑。

叶：叶椭圆形或倒卵状椭圆形，长8～18cm，端尖。

花果：叶前开花，花大，外面紫色，里面近白色，花瓣6片。

图3-2-71 形态特征

（2）物候习性

物候期：早春4月开花。

生长习性：喜光、较耐寒。

（3）分布情况

原产地：我国中部。

现状分布：现我国各地均有栽培。

（4）设计应用（图 3-2-72）

园景观赏树种；搭配造景；古建园林树种。

图 3-2-72　设计应用

37. 二乔玉兰

别名：朱砂玉兰。

科属：木兰科，木兰属。

（1）形态特征（图 3-2-73）

树形：落叶小乔木，是玉兰与紫玉兰的杂交种，高 6～10m。

枝干：树皮呈灰褐色。

叶：单叶互生，叶倒卵形或卵状椭圆形，端尖。

花果：花大，花瓣 6 片，外面由下向上由紫色渐变为粉白色，里面白色。

图 3-2-73　形态特征

（2）物候习性

物候期：早春 4 月叶前开花，10 月底开始落叶。

生长习性：喜光、耐寒、耐旱。

（3）分布情况

原产地：中国。

现状分布：我国东北以南地区各大城市均有栽培。

（4）设计应用（图 3-2-74）

园景观赏树种；建筑前树种；专类园树种；搭配造景。

图 3-2-74 设计应用

38. 白蜡

别名：梣、青榔木、白荆树。

科属：木犀科，白蜡树属。

（1）形态特征（图 3-2-75）

树形：落叶乔木，高达 10～15m，树冠呈卵形。

枝干：树皮灰褐色，具不规则裂痕，小枝灰色。

叶：奇数羽状复叶，小叶通常 7 枚，卵形或长椭圆形，长 3～10cm，端尖，叶缘有细齿，表面富有光泽。

花果：圆锥花序，翅果倒披针形。

图 3-2-75 形态特征

（2）物候习性

物候期：花期 4—5 月，10 月底落叶。

生长习性：喜光、喜湿暖、耐干旱。

（3）分布情况

我国东北南部、华北至长江流域均有分布。

（4）设计应用（图 3-2-76）

园景观赏树种；行道树；庭荫树；风景林树种。

图 3-2-76 设计应用

39. 雪柳

别名：五谷树、挂梁青、珍珠花。

科属：木犀科，雪柳属。

（1）形态特征（图 3-2-77）

树形：落叶小乔木，高达 5～8m，树冠开阔，呈半圆形。

枝干：树皮灰褐色，纵裂，小枝细长。

叶：单叶互生，披针形，长 4～12cm，全缘，无毛。

花果：圆锥花序，花小，浅黄绿色，翅果扁平，呈倒卵形。

花　　　　果　　　　干　　　　叶

图 3-2-77 形态特征

（2）物候习性

物候期：花期 4—5 月。

生长习性：喜光、耐寒、稍耐阴、耐修剪、适应性强。

（3）分布情况

产地分布：我国黄河流域至长江下游地区。

（4）设计应用（图 3-2-78）

园景观赏树种；绿篱树种；荒野绿化树种；滨水绿化树种；盆景树种。

图 3-2-78 设计应用

40. 流苏树

别名：乌金子、茶叶树。

科属：木犀科，流苏树属。

（1）形态特征（图 3-2-79）

树形：落叶乔木，树高可达 20m，树冠呈扁球形或广卵形。

枝干：树皮灰褐色，大枝开展，小枝对生。

叶：单叶对生，卵状椭圆形，长 3～12cm。

花果：圆锥花序，花白色，线形，长 1～3cm，核果球形。

花　　　　　　　果　　　　　　　干　　　　　　　叶

图 3-2-79　形态特征

（2）物候习性

物候期：5 月中旬开花。

生长习性：喜光、喜温暖气候、耐干旱、对部分有害气体有一定的抗性。

（3）分布情况

原产地：黄河中下游及以南地区，朝鲜、日本。

现状分布：黄河中下游以南至华南地区均有栽培。

（4）设计应用（图 3-2-80）

风景林树种；搭配造景；园景观赏树种；行道树。

图 3-2-80　设计应用

41. 枫杨

别名：元宝树、枫柳、水麻柳。

科属：胡桃科，枫杨属。

（1）形态特征（图 3-2-81）

树形：落叶高大乔木，树高可达 25～30m，树冠呈广卵形或扁球形。

枝干：树皮灰褐色，纵裂，大枝粗壮。

叶：羽状复叶互生，常有小叶 10～16 枚，叶呈长椭圆形，长 8～10cm，叶缘有锯齿。

花果：坚果，形似元宝，垂串状生于枝上。

图 3-2-81　形态特征

（2）物候习性

物候期：花期 4—5 月，10—11 月开始落叶。

生长习性：喜光、耐寒、生长迅速、适应性强。

（3）分布情况

原产地：中国。

现状分布：我国黄河流域、长江流域、华北、华中、华南、西南地区均有栽培。

（4）设计应用（图 3-2-82）

行道树；庭荫树；风景林树种；防护林；护岸树种。

图 3-2-82　设计应用

42. 核桃

别名：胡桃。

科属：胡桃科，胡桃属。

（1）形态特征（图 3-2-83）

树形：落叶乔木，树高达 25～30m，树冠呈广卵形。

枝干：树皮银灰色，有不规则纵裂，大枝粗壮，斜向上生长。

叶：羽状复叶，互生，小叶 5～9 枚，全缘。

花果：核果，果呈圆球形，单生或成对生长。

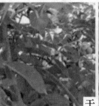

图 3-2-83 形态特征

（2）物候习性

物候期：9 月果熟，10—11 月落叶。

生长习性：喜光、耐干冷、喜湿凉气候、抗风能力强、抗有害气体。

（3）分布情况

原产地：伊朗及中国新疆。

现状分布：我国华北和西北地区为主要栽植区域。

（4）设计应用（图 3-2-84）

庭荫树；园景观赏树种；风景林；行道树；庭荫广场树种；用材树种。

图 3-2-84 设计应用

43. 桑树

别名：桑、家桑。

科属：桑科，桑属。

（1）形态特征（图 3-2-85）

树形：落叶乔木，高达 10～15m，树冠呈扁球形。

枝干：树皮灰褐色或黄褐色，小枝黄褐色。

叶：单叶互生，叶呈卵形，长 5～20cm，叶缘有锯齿，叶呈深绿色，表面富有光泽，叶背有毛。

花果：果球（桑葚）圆柱形，熟时由红渐变为深紫色。

（2）物候习性

物候期：5 月下旬果熟。

生长习性：喜光、耐湿、适应性强、生长迅速、寿命长。

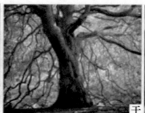

图 3-2-85 形态特征

（3）分布情况

原产地：我国中部地区。

现状分布：我国南北各地广泛栽培。

（4）设计应用（图 3-2-86）

庭荫树；园景观赏树种；风景林；经济树种；防护林。

图 3-2-86 设计应用

44. 构树

别名：楮。

科属：桑科，构属。

（1）形态特征（图 3-2-87）

树形：落叶小乔木，高可达 15m，树冠呈扁球形。

枝干：树皮光滑，灰褐色，有斑纹，小枝密生丝状细毛。

叶：单叶互生，叶卵形，绿色，有绒毛，叶缘有锯齿，且常有不规则深裂，叶长 8～20cm。

花果：聚花，果球形，直径 1～2.5cm，成熟时暗红色。

图 3-2-87 形态特征

（2）物候习性

物候期：花期5—6月，10月底开始落叶。

生长习性：喜光、耐旱、生长快、适应性强、抗污染。

（3）分布情况

原产地：中国。

现状分布：黄河流域至华南、西南地区均有栽培。

（4）设计应用（图3-2-88）

厂矿区绿化树种；庭荫树；防护林。

图3-2-88　设计应用

45.柿子树

别名：猴枣、朱果。

科属：柿树科，柿属。

（1）形态特征（图3-2-89）

树形：落叶乔木，高8～15m，树冠呈半球形。

枝干：树干端直，树皮深灰色，呈方块状浅开裂，小枝褐色。

叶：叶互生，椭圆形，革质，表面富有光泽，全缘，叶长6～18cm。

花果：花黄白色，浆果较大，扁球形，径5～10 cm，熟时橙黄色，食用水果。

花　　　　　　果　　　　　　干　　　　　　叶

图3-2-89　形态特征

（2）物候习性

物候期：9—10月果熟。

生长习性：喜光、耐寒、耐干旱、寿命长。

（3）分布情况

原产地：中国。

现状分布：我国东北南部至华南地区均有栽培，以华北地区为主要栽植区域。

（4）设计应用（图 3-2-90）

庭荫树；园景观赏树种；行道树；风景林。

图 3-2-90　设计应用

46. 君迁子

别名：软枣、黑枣。

科属：柿树科，柿树属。

（1）形态特征（图 3-2-91）

树形：落叶乔木，高 10～15m，树冠呈扁球形。

枝干：树干直立，树皮深褐色，方块状深裂，小枝幼时有灰毛。

叶：叶椭圆形，正面深绿色，背面灰绿色，长 5～10cm。

花果：花淡黄色，浆果球形，较小，直径 1.5～2cm，熟透变黑。

图 3-2-91　形态特征

（2）物候习性

物候期：花期 5—6 月，果熟期 9—10 月。

生长习性：喜光、耐寒、耐旱、适应性强。

（3）分布情况

原产地：中国。

现状分布：我国东北南部、华北西南地区均有栽培。

（4）设计应用（图3-2-92）

园景观赏树种；风景林树种；庭荫树。

图3-2-92 设计应用

47. 银杏

别名：白果树、公孙树。

科属：银杏科，银杏属。

（1）形态特征（图3-2-93）

树形：落叶高大乔木，树高可达35～40m，树冠在青壮年时呈圆锥形，老龄树则呈广卵形。

枝干：树干端直，树皮灰褐色，有纵裂纹，大枝粗壮，斜向上生长。

叶：叶扇形，顶端常有2浅凹裂，叶柄长，叶互生，新叶嫩黄色，后逐渐变成绿色，秋季变成绚丽的明黄色。

花果：雌雄异株，种子椭圆形，长2～3.5cm，熟时变成黄色。

花　　　　　果　　　干　　　叶

图3-2-93 形态特征

（2）物候习性

物候期：华北地区4月初展叶，9—10月果熟，10月上旬开始为秋叶观赏期。

生长习性：喜光、较耐寒、较耐干旱、抗污染、生长缓慢、寿命较长。

（3）分布情况

原产地：中国。

现状分布：种植范围广，北起沈阳，南到广东均有栽培。

（4）设计应用（图 3-2-94）

行道树；庭荫树；建筑前树种；广场树种；风景林；秋叶观赏树；园景观赏树种。

图 3-2-94　设计应用

48. 栾树

别名：灯笼树。

科属：无患子科，栾树属。

（1）形态特征（图 3-2-95）

树形：落叶乔木，高达 10～15m，树冠呈扁球形。

枝干：树皮灰褐色，纵裂。

叶：羽状复叶，互生，小叶卵状椭圆形，叶缘有不规则锯齿。

花果：圆锥状花序，花金黄色，蒴果三角状卵形，状如灯笼，浅绿色，熟时枯红色。

图 3-2-95　形态特征

（2）物候习性

物候期：花期 6—7 月。

生长习性：喜光、耐寒、耐旱、抗烟尘。

（3）分布情况

原产地：中国、日本、朝鲜。

现状分布：我国东北南部、华北、西北、华东、西南地区均有栽培。

（4）设计应用（图 3-2-96）

行道树；园景观赏树种；庭荫树；风景林树种；搭配造景。

图 3-2-96　设计应用

49. 七叶树

别名：梭椤树。

科属：七叶树科，七叶树属。

（1）形态特征（图 3-2-97）

树形：落叶乔木，高达 20～25m，树冠呈圆锥形或椭圆状。

枝干：树皮灰褐色，小枝粗壮无毛。

叶：掌状复叶，小叶通常 7 枚，倒卵状长椭圆形，长 8～20cm，叶缘有细齿。

花果：圆锥状花序，长 20～30cm，花白色，蒴果球形。

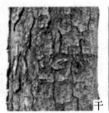

图 3-2-97　形态特征

（2）物候习性

物候期：花期 5—6 月。

生长习性：喜光、喜温暖湿润气候、耐半阴、寿命长。

（3）分布情况

我国黄河中下游地区、江苏、浙江、河北、北京均有种植。

（4）设计应用（图 3-2-98）

园景观赏树种；庭荫树；行道树；风景林树种；广场树种。

图 3-2-98　设计应用

50. 梧桐

别名：青桐。

科属：梧桐科，梧桐属。

（1）形态特征（图 3-2-99）

树形：落叶乔木，高达 15～20m，树冠呈卵圆形。

枝干：树皮青绿色，老树皮灰绿色，小枝粗壮，绿色，光滑。

叶：单叶生互，掌状 3～5 深裂，全缘，长 10～20cm，叶色深绿。

花果：圆锥花序，花黄绿色，蒴果成熟前开裂。

图 3-2-99　形态特征

（2）物候习性

物候期：花期 6—7 月，10 月底开始落叶。

生长习性：喜光，喜温暖湿润气候，抗有害气体，生长速度快。

（3）分布情况

原产地：中国、日本。

现状分布：我国华北、华南、西南地区栽植广泛。

（4）设计应用（图 3-2-100）

园景观赏树种；风景林树种；庭荫树。

图 3-2-100　设计应用

51. 悬铃木

别名：二球悬铃木、英桐。

科属：悬铃木科，悬铃木属。

（1）形态特征（图 3-2-101）

树形：落叶高大乔木，高达 30～35m，树冠呈圆锥形或广卵形。

枝干：树皮青灰色，呈不规则薄片状剥落，大枝粗壮，青灰色。

叶：叶呈卵形或三角形，掌状 3～5 深裂，叶缘有不规则大锯齿，叶色深绿，叶长 9～20cm。

花果：果球通常 2 个一串，直径 2～3cm。

图 3-2-101　形态特征

（2）物候习性

物候期：4 月上旬展叶，10 月底开始落叶。

生长习性：喜光，喜温暖气候，耐干旱，同时也耐水湿、生长迅速、耐修剪、耐移植、抗污染气体。

（3）分布情况

原产地：英国及欧美地区。

现状分布：我国华北、华中、华南、西南、东北南部地区均有栽培。

（4）设计应用（图 3-2-102）

行道树；庭荫树；园景观赏树种；搭配造景；广场树种。

图 3-2-102　设计应用

52. 杜仲

别名：思仙、思仲、木棉。

科属：杜仲科，杜仲属。

（1）形态特征（图 3-2-103）

树形：落叶乔木，高达 15～20m，树冠呈卵形或扁球形。

枝干：树皮呈灰褐色，浅纵裂。

叶：单叶互生，叶呈椭圆形，叶缘有锯齿，叶长 7～15cm。

花果：雌雄异株，花单性，无花被。

图 3-2-103　形态特征

（2）物候习性

物候期：4 月展叶，10 月底开始落叶。

生长习性：喜光、耐寒、适应性强。

（3）分布情况

原产地：我国中西部地区。

现状分布：我国华北、华中、东北南部地区均有栽培。

（4）设计应用（图 3-2-104）

庭荫树；园景观赏树种；行道树；广场树；经济树种。

图 3-2-104　设计应用

53. 水杉

别名：水木沙。

科属：杉科，水杉属。

（1）形态特征（图 3-2-105）

树形：落叶高大乔木，树高可达 35～40m，树冠呈尖塔形或圆锥形、广卵形。

枝干：树身端直，树皮灰褐色，不规则纵裂，条状剥落，大枝不规则轮生，小枝对生。

叶：叶线形，长 1～2cm，淡绿色，在小枝上对生排成羽状，秋季变成绚丽的明黄色。

花果：雌雄同株，球果圆球形，长 1.5～2.5cm。

图 3-2-105　形态特征

（2）物候习性

物候期：花期 3—4 月，10—11 月果熟，11 月开始落叶。

生长习性：喜光、喜温暖湿润气候、不耐寒。

（3）分布情况

原产地：原产于我国，中国特产名贵树种。

现状分布：天然林分布于我国川、鄂、湘等区域，种植区域广泛，北起辽宁南部，南到广东均可栽培，是我国中南、华东地区的重要绿化树种。

（4）设计应用（图 3-2-106）

滨水树种；庭荫树；行道树；园景观赏树种；风景林树种；搭配造景；造林树种。

图 3-2-106　设计应用

54. 柽柳

别名：红柳、观迎柳、西湖柳。

科属：柽柳科，柽柳属。

（1）形态特征（图 3-2-107）

树形：落叶灌木或小乔木，高 2～5m。

枝干：树皮红褐色，分枝多，小枝细长下垂，深红色或黄绿色。

叶：叶细小，鳞状，绿色。

花果：花小，粉红色。

（2）物候习性

物候期：花期 5—8 月。

生长习性：喜光、耐寒、耐干旱、适应能力强、抗有害气体。

图 3-2-107　形态特征

（3）分布情况

原产地：中国。

现状分布：我国东北南部、华北、西北、华东、华中、华南、西南地区均有栽培。

（4）设计应用（图 3-2-108）

园景观赏树种；绿篱树种；荒野绿化树种；滨水绿化树种；盆景树种。

图 3-2-108　设计应用

55. 枣树

别名：红枣、美枣、良枣。

科属：鼠李科，枣属。

（1）形态特征（图 3-2-109）

树形：落叶乔木，高达 8～10m。

枝干：树皮红褐色，枝常有托刺。

叶：单叶互生，卵状椭圆形，长 3～6cm，表面富有光泽。

花果：花小，黄绿色，核果椭圆形，长 2～4cm，熟后深红色，表皮富有光泽。

图 3-2-109　形态特征

（2）物候习性

物候期：花期 6 月，果熟期 9 月。

生长习性：喜光、耐旱、喜干冷气候、适应性强、寿命长。

（3）分布情况

现状分布：主要分布于我国东北、西北、华北、华南地区。

（4）设计应用（图 3-2-110）

庭荫树；园景观赏树种；经济树种；风景林树种。

图 3-2-110　设计应用

56. 糠椴

别名：大叶椴、辽椴。

科属：椴树科，椴树属。

（1）形态特征（图 3-2-111）

树形：落叶乔木，树木高达 15～20m，树冠呈广卵形。

枝干：树皮暗褐色，纵裂，幼枝密生绒毛。

叶：叶广卵圆形，长 8～12cm，叶背灰白色，密生星状毛。

花果：伞形花序，花 7～12 朵，花黄色。

花　　　　　　　干　　　　　　　叶

图 3-2-111　形态特征

（2）物候习性

物候期：花期 6 月。

生长习性：喜光、耐寒、生长快、环境适应性强。

（3）分布情况

原产地：中国。

现状分布：我国东北和华北地区。

（4）设计应用（图 3-2-112）

庭荫树；行道树；园景观赏树种。

图 3-2-112　设计应用

3.3　常绿灌木的识别

1. 珊瑚树

别名：旱禾树、法国冬青。

科属：忍冬科，荚蒾属。

（1）形态特征（图 3-3-1）

树形：常绿灌木或小乔木，树高可达 8m。

枝干：枝灰色或灰褐色，有凸起的小瘤状皮孔，无毛或有时稍被褐色簇状毛。

叶：叶革质，椭圆形至矩圆形或矩圆状倒卵形至倒卵形，有时近圆形，表面光泽，长 7～15cm。

花果：顶生圆锥花序，花白绿色，核果椭圆球形。

图 3-3-1　形态特征

（2）物候习性

物候期：花期 5—6 月，果熟期 10 月。

生长习性：喜光，喜温暖湿润气候。在潮湿肥沃的中性壤土中生长旺盛，酸性和微酸性土均能适应，喜光亦耐阴。根系发达，萌芽力强，特耐修剪，极易整形。对部分有害气体有一定的抗性。

（3）分布情况

我国长江流域及以南区域为主要栽植区。

（4）设计应用（图 3-3-2）

绿篱；观赏树种；搭配造景。

图 3-3-2　设计应用

2. 矮紫杉

别名：枷罗木。

科属：红豆杉科，红豆杉属。

（1）形态特征（图 3-3-3）

树形：常绿灌木，高达 3m。

枝干：多分枝，枝斜向上生长。

叶：叶线形，密而富有光泽。

花果：种子卵形，熟时褐色。

花　　　　　　　果　　　　　　　干　　　　　　　叶

图 3-3-3　形态特征

（2）物候习性

物候期：种子成熟期 9 月。

生长习性：耐阴、耐寒，喜冷湿气候，环境适应性强。

（3）分布情况

吉林、大连、沈阳、北京、青岛、杭州、南京、上海等省市均有栽培。

（4）设计应用（图 3-3-4）

观赏树种；绿篱；盆景观赏树；搭配造景。

图 3-3-4　设计应用

3. 翠蓝柏

别名：翠柏、春柏、粉柏。

科属：柏科，圆柏属。

（1）形态特征（图 3-3-5）

树形：常绿灌木，树冠呈塔形，树高 3～5m。

枝干：主干优势不强，大枝斜向上生长。

叶：刺叶，3 叶轮生，呈蓝绿色或翠蓝色，树皮呈灰褐色。

花果：球果卵圆形，熟后呈深紫色。

图 3-3-5　形态特征

（2）物候习性

生长习性：喜光、耐湿、稍耐寒、寿命较长。

（3）分布情况

集中分布于我国中部、西部及华北地区。

（4）设计应用（图 3-3-6）

观赏灌木；盆栽观赏花木；搭配造景。

图 3-3-6　设计应用

4. 千头柏

别名：凤尾柏、扫帚柏。

科属：柏科，侧柏属。

（1）形态特征（图 3-3-7）

树形：常绿灌木，树冠常呈球形。

枝干：树皮灰褐色，细条状剥落，小枝片扁平，竖直排列，灰绿色。

叶：叶形呈鳞片状，交互对生，两面均为绿色。

花果：球果卵形，长 1～2cm，初为绿色，然后为褐色。

花　　　　　果　　　　　干　　　　　叶

图 3-3-7　形态特征

（2）物候习性

生长习性：喜光、环境适应性强、生长较慢。

（3）分布情况

我国各地均有栽植。

（4）设计应用（图 3-3-8）

绿篱树种；园景观赏树种；搭配造景。

图 3-3-8　设计应用

5. 沙地柏

别名：叉子圆柏、新疆圆柏、双子柏。

科属：柏科，圆柏属。

（1）形态特征（图 3-3-9）

树形：匍匐常绿灌木，高不及 1m。

枝干：枝叶密集，枝斜向上生长，树皮呈灰褐色。

叶：叶常为刺叶，交叉对生，长 3～7mm。

花果：球果呈倒三角形，长 5～8mm，熟时褐色或深紫色。

花

果

干

叶

图 3-3-9　形态特征

（2）物候习性

生长习性：耐寒、耐旱、耐干旱、环境适应能力强。

（3）分布情况

现状分布：主要分布于我国东北、西北及华北地区。

（4）设计应用（图 3-3-10）

园景观赏灌木；绿篱；护坡树种。

图 3-3-10　设计应用

6. 铺地柏

别名：爬地柏、矮桧、匍地柏、偃柏、铺地松、铺地龙、地柏。

科属：柏科，圆柏属。

（1）形态特征（图 3-3-11）

树形：常绿匍匐小灌木，高达 75cm，冠幅逾 2m。

枝干：树皮赤褐色，呈鳞片状剥落。枝茂密柔软，匍地而生。

叶：三叶交叉轮生，条状披针形，叶面有两条气孔线，先端渐尖成角质锐尖头，长 6～8mm。

花果：球果球形，带蓝色。内含种子 2～3 粒。

图 3-3-11　形态特征

（2）物候习性

生长习性：喜光，稍耐阴，适合生长于滨海湿润气候，对土质要求不严，耐寒力、萌生力均较强。

（3）分布情况

现状分布：原产日本，分布于中国华北、华东、西南地区。

（4）设计应用（图 3-3-12）

园景观赏树种；盆景；观赏灌木；搭配造景。

图 3-3-12　设计应用

7. 石楠

别名：扇骨木。

科属：蔷薇科，石楠属。

（1）形态特征（图 3-3-13）

树形：常绿灌木或小乔木，株高可达 5～10m。

枝干：小枝褐灰色，通常无毛，有短、粗稍弯曲皮束。

叶：叶片革质，长椭圆形、长倒卵形或倒卵状椭圆形，长 9～22cm。

图 3-3-13　形态特征

（2）物候习性

物候期：花期 4—5 月，果熟期 9—11 月。

生长习性：喜光，喜温暖湿润气候，不耐寒，不耐水，耐整形，生长速度慢，对部分有害气体有一定的抗性。

（3）分布情况

现状分布：我国长江流域及以南地区为主要栽植区。

（4）设计应用（图 3-3-14）

赏花木；园景观赏树种；搭配造景。

图 3-3-14　设计应用

8. 红叶石楠

别名：火焰红、千年红。

科属：蔷薇科，石楠属。

（1）形态特征（图 3-3-15）

树形：常绿小乔木或灌木，乔木高度可达 12m，灌木高度可达 2m，株形紧凑。

枝干：茎通常具多数形状大小不同的刺。小枝圆柱形，通常无毛，有短、粗稍弯曲皮束。

叶：叶革质，长椭圆形至倒卵披针形，春季新叶红艳。

花果：花白色，直径 6～8mm。梨果球形，直径 5～6mm，红色。

图 3-3-15　形态特征

（2）物候习性

物候期：花期 4—5 月，果熟期 9—11 月。

生长习性：喜光，稍耐阴，喜温暖湿润气候，耐干旱瘠薄，不耐水湿。

（3）分布情况

现状分布：亚洲东南部、东部和北美洲的亚热带和温带地区。

（4）设计应用（图 3-3-16）

行道树；绿篱；观赏花木；园景观赏树种；搭配造景。

图 3-3-16　设计应用

9. 火棘

别名：火把果、救军粮。

科属：蔷薇科，火棘属。

（1）形态特征（图 3-3-17）

树形：常绿灌木，株高可达 3m，树形多呈扁球状。

枝干：树皮呈灰褐色，小枝拱形下垂。

叶：叶长椭圆形，长 2～6cm，深绿色，叶缘有波状细齿，叶表面有光泽。

花果：伞房花序，花小，白色，球果形，深红色。

图 3-3-17　形态特征

（2）物候习性

物候期：花期 4—5 月，果熟期 8—10 月。

生长习性：喜光，不耐寒，耐干旱，耐修剪，环境适应能力较强。

（3）分布情况

陕西、河南、江苏、浙江、福建、湖南、湖北、广州、广西、四川、云南贵州为主要栽植区。

（4）设计应用（图 3-3-18）

观赏花木；花篱；盆景；与灌木搭配；与乔木搭配。

图 3-3-18 设计应用

10. 枸骨

别名：老虎刺、鸟不宿。

科属：冬青科，冬青属。

（1）形态特征（图 3-3-19）

树形：常绿灌木，高达 3～4m。

枝干：树皮灰白色，光滑。

叶：叶硬革质，叶缘具有硬锐刺 4～5 枚，叶长 4～8cm，叶色深绿，表面富有光泽。

花果：雌雄异株，花小，黄绿色，核果球形，鲜红色。

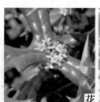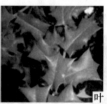

图 3-3-19 形态特征

（2）物候习性

物候期：花期 4—5 月，果熟期 10—11 月。

生长习性：喜光，不耐寒，生长速度较慢，耐修剪整形，喜温暖湿润及排水良好区域生长。

（3）分布情况

主要分布于长江中下游的江苏、浙江、江西、湖南、湖北等省区，北方地区多以盆栽观赏，温室过冬。

（4）设计应用（图 3-3-20）

观赏花木；绿篱；与灌木搭配；与乔木搭配。

图 3-3-20　设计应用

11. 南天竹

别名：天竺、南烛、栏竺。

科属：小檗科，南天竹属。

（1）形态特征（图 3-3-21）

树形：常绿灌木，株高可达 2m。

枝干：茎直立，分枝较少。

叶：羽状复叶互生，叶披针形，长 3～10cm，秋叶渐为红色。

花果：圆锥形花序，花白色，果实圆球形，熟时亮红色，常挂枝头。

图 3-3-21　形态特征

（2）物候习性

物候期：花期 5—6 月。

生长习性：喜光，不耐寒，喜温暖湿润气候，生长慢，耐阴。

（3）分布情况

我国长江流域为主要栽植区域，北方地区多以盆栽观赏，温室过冬。

（4）设计应用（图 3-3-22）

观赏花木；盆景。

图 3-3-22　设计应用

12. 海桐

别名：海桐花、七里香、山矾。

科属：海桐科，海桐属。

（1）形态特征（图 3-3-23）

树形：常绿灌木，株高可达 3～5m，树冠常贴地呈半球状生长。

枝干：树皮呈灰褐色，枝叶繁茂。

叶：叶厚革质，叶长卵形，长 5～10cm，深绿色，全缘，叶形反卷。

花果：花小，白色，芳香。果球形，橙黄色，种子外露，鲜红色。

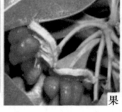

图 3-3-23　形态特征

（2）物候习性

物候期：花期 4—5 月。

生长习性：喜温暖湿润气候，不耐寒，耐修剪，环境适应能力强，对部分有害气体有一定的抗性。

（3）分布情况

我国东南沿海各省为主要栽植区域，北方多以盆栽观赏，温室过冬。

（4）设计应用（图 3-3-24）

观赏花木；绿篱；盆栽观赏花木；抗污染树种；与灌木搭配。

图 3-3-24　设计应用

13. 大叶黄杨

别名：冬青、正木、扶芳树、四季青、七里香、日本卫矛。

科属：卫矛科，卫矛属。

（1）形态特征（图 3-3-25）

树形：常绿灌木或小乔木，树高可达 8m，树冠呈球形。

枝干：树皮深褐色，枝密生，小枝四棱形。

叶：叶椭圆形，绿色，表面光亮，长 3～7cm。

花果：伞形花序，花白绿色，果呈圆球形。

花　　　　　果　　　　　干　　　　　叶

图 3-3-25　形态特征

（2）物候习性

物候期：花期 6—7 月，果熟 10 月。

生长习性：喜光，喜温暖、湿润气候，耐修剪，耐寒性弱。

（3）分布情况

现状分布：华北以南区域均有栽植。

（4）设计应用（图 3-3-26）

绿篱；抗污染树种；观赏树种；搭配造景。

图 3-3-26　设计应用

14. 小叶黄杨

别名：瓜子黄杨。

科属：黄杨科，黄杨属。

（1）形态特征（图 3-3-27）

树形：常绿灌木，树呈半球形，高约 1m。

枝干：树皮深褐色，小枝无毛密生。

叶：叶椭圆形，表面富有光泽，长 1.2cm。

花果：花簇生枝端。

图 3-3-27　形态特征

（2）物候习性

物候期：花期 4—5 月，果熟期 8 月。

生长习性：喜光，喜温暖、湿润气候，耐修剪，耐寒性弱。

（3）分布情况

现状分布：我国各地均有栽植。

（4）设计应用（图 3-3-28）

观赏灌木；绿篱；盆栽观赏树种及微型园林用树；与灌木搭配；搭配造景。

图 3-3-28　设计应用

15. 八角金盘

别名：八金盘、八手、手树。

科属：五加科，八角金盘属。

（1）形态特征（图 3-3-29）

树形：常绿灌木，高达 2～5m。

枝干：茎光滑无刺。

叶：单生互叶，叶革质，掌状，7～9 深裂，直径 20～40cm，叶缘有小齿。

花果：伞形花序，花白色，浆果球形，紫黑色。

图 3-3-29　形态特征

（2）物候习性

物候期：花期 10—11 月。

生长习性：喜温暖湿润气候，耐阴，不耐干旱，耐寒，对部分有害气体有一定的抗性。

（3）分布情况

现状分布：长江流域及以南地区可广泛栽植。

（4）设计应用（图 3-3-30）

观赏花木；护坡植物；阴面地被灌木。

图 3-3-30　设计应用

3.4　落叶灌木的识别

1. 小叶女贞

别名：冬青、小叶水蜡树、小白蜡。

科属：木犀科，女贞属。

（1）形态特征（图 3-4-1）

树形：落叶或半常绿灌木，高达 2～3m。

枝叶：树皮呈灰褐色，小枝幼时无毛，叶倒卵形椭圆形，长 2～4cm。

花果：圆锥花序，长 8～20cm，花白色。

图 3-4-1　形态特征

（2）物候习性

物候期：花期 7—9 月。

生长习性：喜光，耐寒，耐旱，抗有害气体。

（3）分布情况

现状分布：我国中部、东部和西南部均有栽培。

（4）设计应用（图 3-4-2）

观赏灌木；绿篱树种；搭配造景。

图 3-4-2　设计应用

2. 连翘

别名：黄奇丹、黄花杆。

科属：木犀科，连翘属。

（1）形态特征（图 3-4-3）

树形：落叶灌木，高达 3m，常呈丛状生长。

枝叶：树皮黄褐色，枝条细长开展，呈拱状下垂，单叶对生，叶呈卵状椭圆形，长 3～10cm，叶缘有锯齿。

花果：花亮黄色，单生或簇生，叶前开放。

图 3-4-3　形态特征

（2）物候习性

物候期：花期 3—4 月。

生长习性：喜光，耐寒，耐干旱，环境适应性强。

（3）分布情况

现状分布：全国各地均有分布，日本及朝鲜半岛亦有栽植。

（4）设计应用（图 3-4-4）

观赏花木；花篱；搭配造景。

图 3-4-4　设计应用

3. 迎春花

别名：金腰带、串串金。

科属：木犀科，茉莉花属。

（1）形态特征（图 3-4-5）

树形：落叶灌木，高达 3～5m，常呈丛状生长。

枝叶：小枝绿叶，截面四棱形，枝条细长且拱状下垂，小叶卵圆形，长 1～3cm。

花果：花亮黄色，单生，通常六瓣花瓣，叶前开花，系早春花灌木。

图 3-4-5　形态特征

（2）物候习性

物候期：花期 3 月上旬至 4 月中旬。

生长习性：喜光，耐寒，耐旱，抗有害气体。

（3）分布情况

现状分布：山东、河南、陕西、山西、四川、甘肃、贵州、云南、河北、北京等省市均有分布。

（4）设计应用（图 3-4-6）

观赏花木；花篱；搭配造景。

图 3-4-6　设计应用

4. 紫丁香

别名：丁香、华北紫丁香、百结。

科属：木犀科，丁香属。

（1）形态特征（图 3-4-7）

树形：落叶灌木，高达 3～5m。

枝叶：树皮灰褐色，枝条较粗壮、无毛，单叶互生，叶呈广卵形，宽 5～10cm，端尖，全缘，叶色深绿。

花果：圆锥状花序，花呈粉红色或青莲色。

图 3-4-7　形态特征

（2）物候习性

物候期：花期 4—5 月。

生长习性：喜光，耐寒，适应性强。

（3）分布情况

现状分布：我国东北、华北、西北部分地区均有栽植，朝鲜半岛和日本亦有栽植。

（4）设计应用（图 3-4-8）

观赏花木；专类园；风景观赏林；搭配造景。

图 3-4-8　设计应用

5. 白丁香

别名：百花丁香。

科属：木犀科，丁香属。

（1）形态特征（图 3-4-9）

树形：落叶灌木，高达 3～5m。

枝叶：树皮灰褐色，枝条较粗壮、无毛，单叶互生，叶呈广卵形，宽 5～10cm，端尖，全缘，叶色深绿。

花果：圆锥状花序，花呈白色。

图 3-4-9 形态特征

（2）物候习性

物候期：花期 4—5 月。

生长习性：喜光，耐寒，适应性强。

（3）分布情况

现状分布：我国东北、华北、西北部分地区均有栽植。

（4）设计应用（图 3-4-10）

观赏花木；风景观赏林；搭配造景。

图 3-4-10 设计应用

6. 麻叶绣线菊

别名：麻叶绣球。

科属：蔷薇科，绣线菊属。

（1）形态特征（图 3-4-11）

树形：落叶灌木，丛生，株高 1～1.5m。

枝叶：枝细长且弧状向下弯，叶菱形长椭圆形，长 3～5cm，端尖、无毛。

花果：半球状伞形花序，花生于顶端，小而洁白。

图 3-4-11　形态特征

（2）物候习性

物候期：花期 5—6 月，果熟期 7—8 月。

生长习性：喜光，喜温暖、湿润气候，耐旱。

（3）分布情况

现状分布：我国各地园林广泛栽植。

（4）设计应用（图 3-4-12）

观赏花木；花篱、花带；搭配造景。

图 3-4-12　设计应用

7. 三桠绣线菊

别名：三裂绣线菊、三桠绣球、团叶绣球。

科属：蔷薇科，绣线菊属。

（1）形态特征（图 3-4-13）

树形：落叶灌木，丛生，株高 1～2m。

枝叶：小枝细而开展，无毛，叶近圆形，长 1.5～3cm，常分三裂。

花果：密集成伞形花序，花小而白。

图 3-4-13　形态特征

（2）物候习性

物候期：花期 5—6 月，果熟期 8—9 月。

生长习性：耐寒，耐旱，稍耐阴，生长快。

（3）分布情况

原产地：西伯利亚至土耳其一带及我国北部。

现状分布：主要分布于我国东北、西北及华北地区。

（4）设计应用（图 3-4-14）

观赏花木；搭配造景；荒野绿化花木。

图 3-4-14　设计应用

8．"金山"绣线菊

科属：蔷薇科，绣线菊属。

（1）形态特征（图 3-4-15）

树形：落叶矮生灌木，株高 40～60cm。

枝叶：春叶金黄色，夏叶黄绿色，秋叶金黄色。

花果：伞房状花序，花小，粉红色。

图 3-4-15　形态特征

（2）物候习性

物候期：花期5—6月，秋叶观赏期9—11月。

生长习性：喜光，喜排水良好区域生长。

（3）分布情况

原产地：北美。

现状分布：中国多地均有分布。

（4）设计应用（图3-4-16）

观赏花木；花带、花坛；与灌木搭配；与乔木搭配。

图 3-4-16　设计应用

9. "金焰"绣线菊

科属：蔷薇科，绣线菊属。

（1）形态特征（图3-4-17）

树形：落叶矮生灌木，株高60～80cm。

枝叶：春叶黄绿或红色，夏叶绿色，秋叶深红色。

花果：伞房状花序，花小，粉红色。

图 3-4-17　形态特征

（2）物候习性

物候期：花期5—6月，秋叶观赏期9—11月。

生长习性：喜光，喜排水良好区域生长。

（3）分布情况

原产地：美国。

现状分布：中国各地均有分布。

（4）设计应用（图 3-4-18）

观赏花木；花带、花坛；与灌木搭配；与乔木搭配。

图 3-4-18 设计应用

10. 棣棠

别名：地棠、黄棣棠、棣棠花。

科属：蔷薇科，棣棠属。

（1）形态特征（图 3-4-19）

树形：落叶丛生灌木，高达 2m。

枝叶：小枝绿色光滑，单叶互生，叶呈卵状椭圆形，长 3～8cm，端尖，基部半圆形，叶缘有锯齿，叶背有绒毛。

花果：花单生，柠黄色或橙黄色，径 3～4.5cm。

图 3-4-19 形态特征

（2）物候习性

物候期：花期 4—5 月，果熟期 8—9 月。

生长习性：喜光，喜温暖湿润气候，耐寒性稍弱。

（3）分布情况

现状分布：我国黄河流域至华南、西南均有分布。

（4）设计应用（图 3-4-20）

观赏花木；花篱；搭配造景。

图 3-4-20 设计应用

11. 鸡麻

别名：白棣棠。

科属：蔷薇科，鸡麻属。

（1）形态特征（图 3-4-21）

树形：落叶丛生灌木，高达 2～3m。

枝叶：小枝细长，呈淡紫褐色，无毛，单叶对生，叶呈卵状椭圆形，长 4～8cm，端尖，基部半圆形，叶缘有锯齿，叶背有绒毛。

花果：花单生，白色，4 片花瓣，核果黑色。

花　　　　果　　　　干　　　　叶

图 3-4-21 形态特征

（2）物候习性

物候期：花期 4—5 月，果熟期 8 月。

生长习性：喜光，耐寒，耐旱，易栽培。

（3）分布情况

现状分布：我国辽宁、西北、华北、华中、华中均有栽植；朝鲜半岛、日本亦有分布。

（4）设计应用（图 3-4-22）

观赏花木；搭配造景。

图 3-4-22 设计应用

12. 榆叶梅

别名：小桃红。

科属：蔷薇科，梅属。

（1）形态特征（图 3-4-23）

树形：落叶灌木或小乔木，高达 3～5m，树冠呈扁球形。

枝叶：树皮呈深褐色，粗糙，小枝细长，叶椭圆形，长 3～5cm，叶缘有锯齿，叶背有绒毛。

花果：花粉红色，径 2～3cm，叶前花开，花近球形；果红色，球形。

图 3-4-23　形态特征

（2）物候习性

物候期：花期 3—4 月，果熟期 7 月。

生长习性：喜光，耐寒，耐旱，不耐水涝。

（3）分布情况

原产地：中国北部。

现状分布：各地园林均有栽植。

（4）设计应用（图 3-4-24）

观赏花木；搭配造景。

图 3-4-24　设计应用

13. 珍珠梅

别名：华北珍珠梅。

科属：蔷薇科，珍珠梅属。

117

（1）形态特征（图 3-4-25）

树形：落叶<u>丛</u>生灌木，树高 2～3m。

枝叶：树皮深褐色，枝条展开，羽状复叶互生，小叶 11～19 枚，叶长卵披针形，长 4～7cm，叶缘有锯齿。

花果：顶生圆锥花序，花小而密集，白色，宛如白色珍珠。

图 3-4-25 形态特征

（2）物候习性

物候期：花期 6～8 月，果熟期 9—10 月。

生长习性：耐阴，耐寒，环境适应性强，生长迅速。

（3）分布情况

现状分布：主要分布于我国华北和西北部分地区。

（4）设计应用（图 3-4-26）

观赏花木；花篱；观赏林；搭配造景。

图 3-4-26 设计应用

14. 平枝栒子

别名：铺地蜈蚣、栒刺木。

科属：蔷薇科，栒子属。

（1）形态特征（图 3-4-27）

树形：半常绿匍匐状灌木。

枝叶：枝条近水平延伸，小枝呈深褐色，叶卵形，长 0.5～1.5cm，全缘，深绿色。

花果：花粉红色，较小，径约 0.5cm；果近球形，直径 0.5～0.7cm，熟时呈亮红色或暗红色。

图 3-4-27 形态特征

（2）物候习性

物候期：花期 5—6 月，果熟期 9—10 月。

生长习性：喜光，耐寒，适应性强。

（3）分布情况

现状分布：主要分布于湖北、四川、陕西、甘肃、河南、河北、北京、贵州、云南等区域。

（4）设计应用（图 3-4-28）

观赏花木；搭配造景；微型园林树种。

图 3-4-28 设计应用

15. 贴梗海棠

别名：皱皮木瓜、贴梗木瓜。

科属：蔷薇科，木瓜属。

（1）形态特征（图 3-4-29）

树形：落叶灌木，高达 1～2m。

枝叶：枝有刺，单叶互生，叶呈卵状椭圆形，长 3～8cm，叶缘有锯齿，表面富有光泽。

花果：花 3～5 朵簇生于老枝上，花色粉红或朱红，直径 2～5cm，果近球形，直径 4～6cm。

（2）物候习性

物候期：花期 3—4 月，果熟期 9—10 月。

生长习性：喜光，耐寒，耐贫瘠。

图 3-4-29　形态特征

（3）分布情况

现状分布：我国各地普遍栽培。

（4）设计应用（图 3-4-30）

观赏花木；花篱；搭配造景。

图 3-4-30　设计应用

16. 金银木

别名：金银忍冬。

科属：忍冬科，忍冬属。

（1）形态特征（图 3-4-31）

树形：落叶灌木或小乔木，高达 3～6m。

枝叶：树皮深褐色，叶卵状披针形，长 5～8cm，端尖，有毛，叶面深绿色。

花果：花黄白色，长 2cm，浆果熟后亮红色。

图 3-4-31　形态特征

（2）物候习性

物候期：花期5—6月，果熟期9—10月。

生长习性：喜光，耐寒，耐干旱，耐阴，环境适应性强。

（3）分布情况

原产地：美国。

现状分布：我国各地均有栽植。

（4）设计应用（图3-4-32）

观赏花木；花篱；搭配造景；风景观赏林。

图3-4-32　设计应用

17. 接骨木

别名：续骨木。

科属：忍冬科，接骨木属。

（1）形态特征（图3-4-33）

树形：落叶灌木或小乔木，高达5～8m。

枝叶：树皮深褐色，树冠展开，小枝无毛，奇数羽状复叶，小叶5～11枚，卵形或长椭圆披针形，长5～11cm，叶缘有不规则锯齿，端尖。

花果：顶生圆锥花序，花淡黄色或乳白色，花小且密集。果实红色，卵圆形或近圆形，直径3～5mm。

花　　　　　　　果　　　　　　　干　　　　　　　叶

图3-4-33　形态特征

（2）物候习性

物候期：花期4—5月。

生长习性：喜光，耐寒，耐旱，抗有害气体。

（3）分布情况

现状分布：主要分布于我国东北、华北、华东、华中、西北、西南等地区。

（4）设计应用（图 3-4-34）

观赏灌木；风景观赏林；搭配造景。

图 3-4-34 设计应用

18. 锦带花

别名：五色海棠、山脂麻、海仙花。

科属：忍冬科，锦带花属。

（1）形态特征（图 3-4-35）

树形：落叶灌木，高达 2～3m。

枝叶：小枝具有绒毛，叶椭圆形或卵形椭圆形，长 5～10cm，叶缘有锯齿。

花果：花朵粉红色或玫瑰红为主要色系，聚伞状花序，一般 3～4 朵聚集。

图 3-4-35 形态特征

（2）物候习性

物候期：花期 4—5 月。

生长习性：喜光，耐半阴，耐干旱，抗有害气体。

（3）分布情况

现状分布：我国东北、华北为主要分布区域。

（4）设计应用（图 3-4-36）

观赏灌木；花篱；工厂绿化花木。

图 3-4-36　设计应用

19. 紫叶小檗

别名：红叶小檗。

科属：小檗科，小柏属。

（1）形态特征（图 3-4-37）

树形：落叶灌木，株高 0.5～2m。

枝叶：分枝较多，枝条呈红褐色，枝有小刺。叶呈紫红色或深紫色，倒卵形，叶面富有光泽。

花果：伞形花序，花黄红色，浆果椭圆形，熟时鲜红光亮。

图 3-4-37　形态特征

（2）物候习性

物候期：花期 4—5 月，果熟期 8—9 月。

生长习性：喜光，耐寒，耐干旱，环境适应性强，耐修剪。

（3）分布情况

原产地：原产于我国东北南部、华北及秦岭，日本亦有分布。

现状分布：中国各地均有栽植，广泛用于城市景观绿化中。

（4）设计应用（图 3-4-38）

观赏灌木；绿篱；搭配造景。

图 3-4-38　设计应用

20. 木槿

别名：木棉、朝开暮落花、喇叭花。

分类：落叶灌木。

科属：锦葵科，木槿属。

（1）形态特征（图 3-4-39）

树形：落叶灌木，高 3～6m，树冠呈长卵形。

枝叶：树皮深褐色，幼枝具有柔毛，叶菱状卵形，长 3～6cm，叶缘有细齿。

花果：花单生，紫红色、粉色或白色。

图 3-4-39　形态特征

（2）物候习性

物候期：花期 7—10 月。

生长习性：喜光，喜温暖、湿润气候，耐寒，抗有害气体，耐修剪。

（3）分布情况

原产地：亚洲东部。

现状分布：我国东北南部至华南地区均可栽植。

（4）设计应用（图 3-4-40）

观赏花木；花篱；风景观赏林；厂矿区绿化树种；搭配造景。

图 3-4-40　设计应用

21. 蜡梅

别名：金梅、蜡花、黄梅花。

科属：蜡梅科，蜡梅属。

（1）形态特征（图 3-4-41）

树形：落叶灌木，高达 3~5m。

枝叶：幼枝棱形，老枝近圆柱形，灰褐色，有皮孔。叶纸质至近革质，卵圆形或圆状披针形，长 6~15cm，端尖，全缘。

花果：花腋生，叶前开放，花瓣明黄色，内壁有紫色条纹，味浓香。

图 3-4-41　形态特征

（2）物候习性

物候期：花期 11 月至翌年 3 月。

生长习性：喜光，耐寒，耐旱，耐修剪，寿命较长。

（3）分布情况

现状分布：我国黄河流域以南及长江流域地区为主要栽植区域，北方地区主要以盆栽观赏。

（4）设计应用（图 3-4-42）

观赏花木；盆景；插花；与灌木搭配；与乔木搭配。

图 3-4-42　设计应用

125

22. 紫荆

别名：裸枝树，紫珠。

科属：豆科，紫荆属。

（1）形态特征（图 3-4-43）

树形：落叶灌木，高达 1～2m。

枝叶：枝有刺，叶纸质，近圆形或三角状圆形，长 3～8cm，叶缘有锯齿，表面富有光泽。

花果：花 3～5 朵簇生于老枝上，花粉红或朱红色，直径 2～5cm，果近球形，直径 4～6cm。

图 3-4-43 形态特征

（2）物候习性

物候期：花期 3—4 月，果熟期 9—10 月。

生长习性：喜光，耐寒，耐贫瘠。

（3）分布情况

现状分布：我国各地普遍栽培，用于观赏。

（4）设计应用（图 3-4-44）

观赏花木；花篱；厂矿区绿化树种；搭配造景。

图 3-4-44 设计应用

23. 紫薇

别名：满堂红、痒痒树、百日红。

科属：千屈菜科，紫薇属。

（1）形态特征（图 3-4-45）

树形：落叶灌木，高达 5～8m，树冠呈卵圆形或长圆形。

126

枝叶：树皮剥片剥落，光滑，呈黄绿色，小枝四棱状，叶椭圆形，长 3~7cm，全缘，深绿色。

花果：圆锥状花序，花有紫红、粉红、粉白、青莲、白色等多种色系，蒴果球形，熟时灰褐色。

图 3-4-45　形态特征

（2）物候习性

物候期：花期 6—9 月，果熟期 9—10 月。

生长习性：喜光、耐寒、耐干旱，生长速度慢。

（3）分布情况

原产地：亚洲南部及澳洲北部。

现状分布：在我国北至辽南南部，南至沿海地区均有分布。

（4）设计应用（图 3-4-46）

观赏花木；古建园林绿化花木；专类观赏园；盆景花木；搭配造景。

图 3-4-46　设计应用

24. 红瑞木

别名：红梗木、凉子木。

科属：山茱萸科，梾木属。

（1）形态特征（图 3-4-47）

树形：落叶丛生灌木，高达 3m。

枝叶：枝条直立，鲜红色，无毛，单叶互生，叶卵形或椭圆形，长 4~9cm，叶面深绿色，叶背灰绿色。

花果：伞状花序，顶生，花小，白色。

127

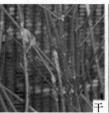

图 3-4-47　形态特征

（2）物候习性

物候期：花期 6—7 月。

生长习性：喜光，耐寒，耐半阴。

（3）分布情况

现状分布：主要分布于我国东北、华北、西北等地区。

（4）设计应用（图 3-4-48）

观赏花木；花篱。

图 3-4-48　设计应用

3.5　地被植物的识别

1. 玉簪

别名：玉春棒、白鹤花、玉泡花、白玉簪。

科属：百合科，玉簪属。

（1）形态特征（图 3-5-1）

枝干：根状茎粗厚，粗 1.5～3cm。

叶：叶卵状心形、卵形或卵圆形，长 14～24cm，先端近渐尖，基部心形。

花果：花的外苞片卵形或披针形，蒴果圆柱状，有三棱，长约 6cm。

花　　　　　　　　果　　　　　　　　干　　　　　　　　叶

图 3-5-1　形态特征

（2）物候习性

物候期：春季 3—4 月萌芽，花果期 8—10 月。

生长习性：性强健，耐寒冷，性喜阴湿环境，不耐强烈日光照射，要求土层深厚，排水良好且肥沃的沙质壤土。

（3）分布情况

原产地：中国、日本。

现状分布：四川（峨眉山至川东）、湖北、湖南、江苏、安徽、浙江、福建和广东。

（4）设计应用（图 3-5-2）

阴生观赏植物；地被观赏植物；盆栽观赏花卉；花境；插花材料；搭配造景。

图 3-5-2　设计应用

2. 土麦冬

别名：麦门冬。

科属：百合科，百合属。

（1）形态特征（图 3-5-3）

枝干：须根末端膨大呈纺锤形的小块根，根稍粗，是地下匍匐茎。

129

叶：叶<u>丛</u>生，长线形，总状花序。

花果：花簇生，淡紫色或近白色。浆果圆形，蓝黑色。

花　　　　　　　　果　　　　　　　　干　　　　　　　　叶

图 3-5-3　形态特征

（2）物候习性

物候期：花期 6—8 月，果期 9—10 月。

生长习性：喜阴，忌直射阳光。在湿润、肥沃、排水良好的沙质土壤中生长良好。较耐寒，长江流域能露地越冬。

（3）分布情况

原产地：中国及日本。

现状分布：我国华东、中南及四川、贵州等地，日本也有分布。

（4）设计应用（图 3-5-4）

园林地被植物；盆栽植物。

图 3-5-4　设计应用

3. 萱草

别名：忘忧草、黄花菜、金针菜。

科属：百合科，萱草属。

（1）形态特征（图 3-5-5）

树形：多年生草本，多数膨大呈窄长纺锤形。

枝干：根状茎粗短，是肉质纤维根。

叶：叶基生成丛，条状披针形，长 30～60cm。

花果：圆锥花序顶生，蒴果圆形，种子黑色。

图 3-5-5　形态特征

（2）物候习性

物候期：3 月展叶，6—7 月开花，12 月进入枯黄期。

生长习性：性强健，耐寒，华北可露地越冬，适应性强，喜湿润也耐旱，喜阳光又耐半阴，适合在排水良好的沙质土壤中生长，易于管理。

（3）分布情况

原产地：中国、西伯利亚、日本和东南亚。

现状分布：亚洲温带至亚热带地区，少数也见于欧洲。

（4）设计应用（图 3-5-6）

庭院观赏花卉；阳台美化花卉；景观观赏花卉；林下地被花卉；花境。

图 3-5-6　设计应用

4. 鸢尾

别名：乌鸢、扁竹花、蓝蝴蝶、紫蝴蝶。

科属：鸢尾科，鸢尾属。

（1）形态特征（图 3-5-7）

枝干：根状茎粗壮，二期分枝，斜伸；须根较细而短。

叶：叶基生，黄绿色，稍弯曲，中部略宽，宽剑形，长 15～50cm，顶端渐尖或短渐尖。

花果：花茎光滑，高 20～40cm，苞片绿色，草质，披针形或长卵圆形，长 5～7.5cm，顶端渐尖或长渐尖，蒴果长椭圆形或倒卵形。

图 3-5-7　形态特征

（2）物候习性

物候期：花期 4—5 月，果期 6—8 月。

生长习性：耐寒性较强，适于排水良好、富含腐殖质、略带碱性的黏性土壤，喜阳光充足，气候凉爽，耐寒力强，亦耐半阴环境。

（3）分布情况

原产地：中国中部及日本。

现状分布：山西、安徽、江苏、浙江、福建、湖北、湖南、江西、广西、陕西、甘肃、青海、四川、贵州、云南等。

（4）设计应用（图 3-5-8）

庭院观赏花卉；景观观赏花卉；林下地被花卉；花境；搭配造景；专类观赏园。

图 3-5-8　设计应用

5. 三叶草

别名：白车轴草、白三叶、荷兰翘摇。

科属：豆科，车轴草属。

（1）形态特征（图 3-5-9）

树形：短期多年生草本，生长期长达 5 年，高 10～30cm。

枝干：主根短，侧根和须根发达。茎匍匐蔓生，上部稍上升，节上生根，全株无毛。

叶：掌状三出复叶；托叶卵状披针形，小叶倒卵形至近圆形。

花果：花序球形，顶生，花白色，偶有淡红色。种子阔卵形。

图 3-5-9　形态特征

（2）物候习性

物候期：3—4 月展叶，花期 5—10 月。

生长习性：耐寒，耐热，喜温暖，向阳，排水良好生长，环境适应性强，耐修剪。

（3）分布情况

原产地：欧洲和北非。

现状分布：在中国主要分布在温带至热带地区，南到云南的勐腊县，北到黑龙江的尚志县均有野生种和栽培种的分布。

（4）设计应用（图 3-5-10）

园林地被植物；林下地被花卉；防护草种；草坪装饰。

图 3-5-10　设计应用

6. 彩叶草

别名：老来少、五色草、锦紫苏、洋紫苏。

科属：唇形科，锦紫苏属。

（1）形态特征（图 3-5-11）

树形：多年生草本植物，老株可长成亚灌木状，株高 50～80cm。

枝干：全株有毛，茎为四棱，基部木质化。

叶：单叶对生，卵圆形，先端长渐尖，叶缘具钝齿牙，叶可长 15cm，叶面绿色，有淡黄、桃红、朱红、紫等色彩鲜艳的斑纹。

花果：顶生总状花序，花小，浅蓝色或浅紫色。小坚果平滑有光泽。

图 3-5-11 形态特征

（2）物候习性

物候期：3 月展叶，花期 7—9 月。

生长习性：喜温喜湿润，适应性强，耐寒力较强，冬季温度不低于 10℃，夏季高温时稍加遮阴，喜充足阳光，光线充足能使叶色鲜艳，但忌烈日暴晒。

（3）分布情况

原产地：印度尼西亚。

现状分布：中国，印度经马来西亚、印度尼西亚、菲律宾至波利尼西亚。

（4）设计应用（图 3-5-12）

除可做小型观叶花卉陈设外，还可配置图案花坛，也可作为花篮、花束的配叶使用，是模纹花坛花雕的重要植物。

图 3-5-12 设计应用

7. 紫叶酢浆草

别名：红叶酢浆草、三角酢浆草。

科属：酢浆草科，酢浆草属。

（1）形态特征（图 3-5-13）

树形：多年生宿根草本，株高 15～20cm，地下块状根茎粗大呈纺锤形。

枝干：具根状茎，根状茎直立。

叶：叶丛生，具长柄，掌状复叶，小叶 3 枚，无柄，倒三角形，叶大而紫红色，被少量白毛。

花果：伞形花序，淡红色或淡紫色，果实为蒴果。

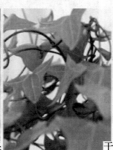

花　　　　　果　　　　　干　　　　　叶

图 3-5-13　形态特征

（2）物候习性

物候期：4 月展叶，花期 4—11 月。

生长习性：喜湿润、半阴且通风良好的环境，也耐干旱。较耐寒，全日照、半日照环境或稍阴处均可生长。

（3）分布情况

原产地：热带美洲和非洲南部。

现状分布：南美巴西及中国。

（4）设计应用（图 3-5-14）

可做彩叶地被。

图 3-5-14　设计应用

8. 黄花景天

别称：景天三七、土三七。

科属：景天科，景天属。

（1）形态特征（图 3-5-15）

树形：植株矮小。株高 20～30cm。

枝干：枝叶茂密。

叶：叶肉质，匙形或椭圆形，伞房状聚伞花序着生于茎顶。

花果：小花金黄色，花期长。

图 3-5-15　形态特征

（2）物候习性

物候期：4 月发芽，花期 5—6 月，果熟期 8—9 月。

生长习性：性喜光，抗寒耐旱，较耐阴，喜疏松沙壤土。最好盆播。

（3）分布情况

原产地：中国东北和华北。

现状分布：中国国内分布于山西、河北、内蒙古、吉林；国外分布于朝鲜、日本等。

（4）设计应用（图 3-5-16）

园林中可用于布置花坛、花境或作为公路旁护坡地被植物。

图 3-5-16　设计应用

9. 马尼拉草

别名：台北草、菲律宾草、马尼拉芝、半细叶结缕草。

科属：禾本科，结缕草属。

（1）形态特征（图 3-5-17）

树形：多年生草本植物。

枝干：具横走根茎和匍匐茎，秆细弱，高 12～20cm。

叶：叶片在结缕草属中属半细叶类型，叶的宽度介于结缕草与细叶结缕草之间，叶质硬，扁平或内卷，上面具纵沟，长 3～4cm，宽 1.5～2.5mm。

花果：总状花序，短小，果为卵形。

图 3-5-17　形态特征

（2）物候习性

物候期：花期 7 月。

生长习性：喜温暖、湿润环境，草层茂密，分蘖力强，覆盖度大，抗干旱、耐瘠薄；适宜在深厚肥沃、排水良好的土壤中生长。

（3）分布情况

原产地：热带亚洲。

现状分布：中国台湾、广东、海南等地，亚洲和大洋洲的热带地区亦有分布。

（4）设计应用（图 3-5-18）

铺建庭院绿地、公共绿地及固土护坡场合。

图 3-5-18　设计应用

10. 羽衣甘蓝

别名：绿叶甘蓝、牡丹菜。

科属：十字花科，芸苔属。

（1）形态特征（图 3-5-19）

树形：两年生草本，植株呈莲座状叶丛。

叶：叶片有光叶、皱叶、裂叶、波浪叶之分，叶脉和叶柄呈浅紫色，内部叶色极为丰富。

花果：于翌年开花、结实。总状花序顶生，果实为角果，扁圆形，种子圆球形，褐色。

图 3-5-19 形态特征

（2）物候习性

物候期：叶片的观赏期为 12 月至翌年 3、4 月，花期 4—5 月。

生长习性：喜冷凉温和气候，耐寒性很强，但不能长期经受连续严寒。

（3）分布情况

原产地：地中海至小亚西亚一带。

现状分布：英国、荷兰、德国、美国种植较多，中国大城市公园有栽培。

（4）设计应用（图 3-5-20）

布置露地花坛、花台及盆栽陈设。

图 3-5-20 设计应用

11. 矮牵牛

别名：碧冬茄、杂种撞羽朝颜、灵芝牡丹、毽子花、矮喇叭、番薯花、撞羽朝颜。

科属：茄科，碧冬茄属。

（1）形态特征（图 3-5-21）

树形：多年生草本，常作一、二年生栽培，丛生和匍匐类型。

枝干：株高 15～60cm，全株被粘毛，茎基部木质化，嫩茎直立，老茎匍匐状。

叶：单叶互生，卵形，全缘，近无柄，上部叶对生。

花果：花单生，叶腋或顶生，花较大，花冠漏斗状，边缘 5 浅裂。蒴果，种子细小。

花果干叶

图 3-5-21　形态特征

（2）物候习性

物候期：花期 4—10 月。

生长习性：喜温暖和阳光充足的环境。不耐霜冻，怕雨涝。属长日照植物，生长期要求阳光充足，在正常的光照条件下，从播种至开花约需 100 天。

（3）分布情况

原产地：南美阿根廷。

现状分布：世界各地广泛栽培。

（4）设计应用（图 3-5-22）

常作为时令花用于花坛或者花箱使用。

图 3-5-22　设计应用

12. 万寿菊

别称：臭芙蓉、万寿灯、蜂窝菊、臭菊花、蝎子菊。

科属：菊科，万寿菊属。

（1）形态特征（图 3-5-23）

树形：一年生草本植物，株高 60～100cm。

枝干：全株具异味。茎粗壮，绿色，直立。

叶：单叶羽状全裂对生，裂片披针形，具锯齿，上部叶时有互生，裂片边缘有油腺，锯齿有芒。

花果：头状花序着生枝顶，径可达 10cm，淡黄色或橙色，瘦果黑色。

图 3-5-23　形态特征

（2）物候习性

物候期：花期 8—9 月。

生长习性：喜阳光充足的环境，耐寒、耐干旱，在多湿气候下生长不良。对土壤要求不严，但以肥沃疏松、排水良好的土壤为好。

（3）分布情况

原产地：墨西哥及中美洲。

现状分布：广东和云南南部、东南部，以及河南的西南部。

（4）设计应用（图 3-5-24）

可上盆摆放，也可移栽于花坛等。可作为草坪点缀花卉，主要表现在群体栽植后的整齐性和一致性，欣赏其单株艳丽的色彩和丰满的株型。

图 3-5-24　设计应用

3.6 藤木植物的识别

1. 葡萄

别名：草龙珠、山葫芦。

科属：葡萄科，葡萄属。

（1）形态特征（图 3-6-1）

树形：落叶藤木。

枝干：藤茎长可达 10～20m。

叶：小枝绿色，光滑无毛，单叶互生，叶呈卵圆形，叶缘有不规则锯齿，叶色深绿。

花果：圆锥花序，花较小，黄绿色，浆果近球形，熟时黄绿色、玫瑰色、深红色、紫色等多种色系。

图 3-6-1 形态特征

（2）物候习性

物候期：花期 4—5 月，果熟期 8—9 月。

生长习性：喜光，耐寒，耐旱，环境适应性强。

（3）分布情况

原产地：亚洲西部。

现状分布：我国普遍栽培，集中分布于华北和西北地区。

（4）设计应用（图 3-6-2）

观赏藤木；果树；果木采摘园。

图 3-6-2 设计应用

2. 爬山虎

别名：爬墙虎、地锦。

科属：葡萄科，爬山虎属。

（1）形态特征（图 3-6-3）

树形：落叶大型藤木，茎长达 15～20m。

枝干：表皮有皮孔，髓白色。枝条粗壮，老枝灰褐色，幼枝紫红色。枝上有卷须，卷须短，多分枝，卷须顶端及尖端有黏性吸盘。

叶：多分枝，单叶互生，叶呈广卵形，长 15～20cm，叶缘有锯齿，叶色深绿。

花果：聚伞花序，花小，浆果球形，熟时蓝褐色。

图 3-6-3 形态特征

（2）物候习性

物候期：华北地区 4 月展叶，花期 5—6 月，果熟期 7—9 月，10 月底开始落叶。

生长习性：喜阴湿，耐寒，环境适应性强，对部分有害气体有较强的抗性。

（3）分布情况

原产地：亚洲东部、喜马拉雅山区及北美洲。

现状分布：我国东北南部至华南、西南地区以及朝鲜、日本均有分布。

（4）设计应用（图 3-6-4）

墙体绿化；厂区绿化；廊架绿化、假山枯树绿化；护坡用藤木。

图 3-6-4 设计应用

3. 常春藤

别名：爬山藤、三角风、钻天风。

科属：五加科，常春藤属。

（1）形态特征（图3-6-5）

树形：大型常绿藤木，节气生根攀岩，茎长达20～30m。

枝干：多年生常绿攀缘灌木，气生根，茎灰棕色或黑棕色。

叶：多分枝，单叶互生，叶柄无托叶有鳞片；幼枝具星状柔毛，也呈卵形，具3～5cm浅裂，全缘，叶色深绿。

花果：伞形花序，花小，淡绿色，浆果球形。伞形花序单个顶生，花淡黄白色或淡绿白，花药紫色。

花　　　　　　　果　　　　　　　干　　　　　　　叶

图3-6-5　形态特征

（2）物候习性

物候期：花期5—6月，果期翌年4—5月。

生长习性：喜阴湿，温暖，环境适应性强，对部分有害气体有较强的抗性。

（3）分布情况

原产地：陕西、甘肃及黄河流域以南至华南和西南。

现状分布：我国普遍栽培，主要集中分布于华中、华南及西南地区。

（4）设计应用（图3-6-6）

墙体绿化；厂区绿化；廊架绿化；假山枯树绿化；护坡用藤木；室内绿化树种；地被观赏物。

图3-6-6　设计应用

4. 紫藤

别名：藤萝、招豆藤。

科属：豆科，紫藤属。

（1）形态特征（图 3-6-7）

树形：落叶藤本灌木，藤长可达 20～30m。

枝干：茎右旋，枝较粗壮，嫩枝被白色柔毛，后秃净；冬芽卵形。

叶：奇数羽状复叶，互生，小叶 7～9 枚，叶呈卵状长椭圆形，长 4～8cm。

花果：花序下垂，长 15～20cm，花近似蝶形，青莲色，有清香味。荚果长条形。

图 3-6-7　形态特征

（2）物候习性

物候期：花期 4—5 月，10 月中、下旬开始落叶。

生长习性：喜光，耐寒，耐干旱，生长速度快，寿命长，对部分有害气体有较强的抗性。

（3）分布情况

原产地：中国、朝鲜、日本。

现状分布：我国南北均有栽培。

（4）设计应用（图 3-6-8）

观赏花木；古建园林绿化；廊架绿化；假山枯树绿化。

图 3-6-8　设计应用

5. 藤本月季

别名：爬藤月季、野玫瑰。

科属：蔷薇科，蔷薇属。

（1）形态特征（图3-6-9）

树形：落叶藤本灌木，枝条较长，呈藤状或攀缘状，茎长一般长可达 3～5m。

枝干：茎上有疏密不同的尖刺，形态有直刺、斜刺、弯刺、钩形刺，依品种而异。

叶：叶卵状椭圆形。

花果：花单生、聚生或簇生，花茎 2.5～14cm 不等，花色有红、粉等镶边色、原色、表背双色等，十分丰富，花形有杯状、球状、盘状、高芯等。果呈卵状椭圆形。

图 3-6-9　形态特征

（2）物候习性

物候期：华北地区一般 3 月中旬开始萌芽，3 月下旬展叶，5 月中旬初花，多花品种可重复开花至 11 月中旬。果实到 11 月份变为橙色或红色。

生长习性：喜光，喜温暖、湿润气候。

（3）分布情况

原产地：北半球温带、亚热带。

现状分布：中国、欧洲、美洲、亚洲、大洋洲等普遍栽培和应用于各地园林绿化中。

（4）设计应用（图3-6-10）

墙体绿化；花篱；行车道分隔绿化。

图 3-6-10　设计应用

3.7　水生植物的识别

1. 荷花

别名：莲花、水芙蓉。

科属：睡莲科，莲属。

（1）形态特征（图 3-7-1）

树形：水生草本。

枝干：根状茎横生，肥厚，节间膨大，内有多数纵行通气孔道，节部缢缩，上生黑色鳞叶，下生须状不定根。

叶：叶圆形，盾状，直径 25～90cm。

花果：花单生于花梗顶端、高托水面之上，花直径 10～20cm。坚果椭圆形或卵形，长 1.8～2.5cm，果皮革质，坚硬，熟时黑褐色。

图 3-7-1　形态特征

（2）物候习性

物候期：4 月展叶，6—9 月花果期，10—11 月落叶。

生长习性：性喜相对稳定的平静浅水、湖沼、泽地、池塘。非常喜光，生育期需要全光照的环境。极不耐阴，在半荫处生长会表现出强烈的趋光性。

（3）分布情况

原产地：亚洲热带和温带地区。

现状分布：分布在中亚、西亚、北美、印度、中国、日本等亚热带和温带地区。

（4）设计应用（图 3-7-2）

观赏花卉；荷花水景；盆栽观赏花卉；水体净化植物；水景植物。

图 3-7-2　设计应用

2. 睡莲

别名：子午莲、水芹花。

科属：睡莲科，睡莲属。

（1）形态特征（图 3-7-3）

树形：多年生浮叶型水生草本植物。

枝干：根状茎肥厚，直立或匍匐。

叶：叶呈圆形或近圆形，或卵圆形，有些品种呈披针形或箭形；叶全缘，但热带睡莲的叶缘呈波纹状；叶正面绿色，光亮，背面紫红色，某些品种的叶面有暗褐色斑点或斑驳色，叶脉明显或不太明显。

花果：花单生，其萼片 4～5 枚，呈绿色或紫红色。花蕾呈长桃形、桃形；花瓣通常有卵形、宽卵形、矩圆形、宽披针形等。果实呈卵形至半球形。

图 3-7-3　形态特征

（2）物候习性

物候期：花期 6—8 月，果期 8—10 月。

生长习性：强喜阳光，温暖及通风良好的环境，环境适应性强。

（3）分布情况

原产地：北非和东南亚热带地区。

现状分布：国内云南至东北，西至新疆。各省区均有栽培。

（4）设计应用（图 3-7-4）

观赏花卉；水生植物专类观赏园；水体净化植物；盆栽观赏花卉。

图 3-7-4　设计应用

3. 千屈菜

别名：水柳、对叶莲、水枝柳、水枝锦。

科属：千屈菜科，千屈菜属。

（1）形态特征（图 3-7-5）

树形：多年生湿生草本植物，高约 1m。

枝干：茎直立，四棱形或六棱形，被白色柔毛或无毛，多分枝。

叶：叶对生或 3 叶轮生，狭披针形，先端稍钝或锐，基部圆形或心形，有时抱茎，长 3.5～6.5cm，宽 8～15mm，两面具短柔毛或背面有毛，全缘、无叶柄。

花果：总状花序顶生，花紫色。蒴果，包藏于萼筒内。

图 3-7-5　形态特征

（2）物候习性

物候期：花果期 6—9 月。

生长习性：喜温暖、光照充足、通风良好的环境，喜水湿，环境适应性强，比较耐寒。

（3）分布情况

原产地：欧洲和亚洲温带地区。

现状分布：中国南北各地的湖滩、沼泽、湿地草丛或天然水沟旁均有野生。

（4）设计应用（图 3-7-6）

水生观赏植物；风景区、保护区常用植物；盆栽植物；搭配造景。

图 3-7-6　设计应用

4. 芦苇

别名：苇子。

科属：禾本科，芦苇属。

（1）形态特征（图 3-7-7）

树形：芦苇的植株高大，地下有发达的匍匐根状茎。

枝干：秆直立，秆高 1～3m，直径 1～4cm。

叶：叶鞘下部者短于上部者，长于其节间，圆筒形，无毛或有细毛。叶舌边缘密生一圈长约 1mm 的短纤毛，两侧缘毛长 3～5mm，易脱落。

花果：圆锥花序大型，顶生，疏散，多呈白色，圆锥花序分枝稠密，向斜伸展，花序长 10～40cm。果实为颖果，披针形，顶端有宿存花柱。

图 3-7-7 形态特征

（2）物候习性

物候期：发芽期 4—5 月，花果期 8—10 月，落叶期 10 月以后。

生长习性：耐寒，不耐干旱，喜水，环境适应性强。

（3）分布情况

原产地：温带和热带地区。

现状分布：东北、内蒙古、新疆、华北、江苏、浙江、安徽等。

（4）设计应用（图 3-7-8）

水生观赏植物；特色花坛；风景区、保护区常用植物；经济植物。

图 3-7-8 设计应用

5. 风信子

别名：洋水仙、五色水仙。

科属：百合科，风信子属。

（1）形态特征（图 3-7-9）

树形：属多年生草本植物。

枝干：地下茎球形。

叶：叶厚披针形。鳞茎球形或扁球形，有膜质外皮，外被皮膜呈紫蓝色或白色等，皮膜颜色与花色成正相关。

花果：花茎肉质，花葶高 15～45cm，中空，端着生总状花序；小花 10～20 朵密生上部，多横向生长，少有下垂，漏斗形，花被筒形，上部四裂，花冠漏斗状，基部花筒较长，裂片 5 枚。

图 3-7-9　形态特征

（2）物候习性

物候期：3 月开花，5 月下旬果熟。

生长习性：喜阳、耐寒，适合生长在凉爽湿润的环境和疏松、肥沃的沙质土中，忌积水。

（3）分布情况

原产地：欧洲南部、地中海沿岸及小亚细亚一带。

现状分布：世界各地都有栽培，我国各地均有栽培。

（4）设计应用（图 3-7-10）

庭院观赏花卉；花坛；花境；阳台及屋顶花园；搭配造景。

图 3-7-10　设计应用

6. 蒲草

别名：水蜡烛、水烛、香蒲。

科属：香蒲科，香蒲属。

（1）形态特征（图 3-7-11）

树形：水生宿根性草本植物。

枝干：植株基部的地上茎短缩，并从其叶腋间抽生地下匍匐茎，匍匐茎在土中水中延伸，长 30～60cm，其顶芽弯曲向上生成新株，成株高达 170～200cm，开展度 60～80cm。

叶：每株有 6～13 片叶，叶箭形，全缘，叶色浓绿，断面呈新月形，质轻而软，叶肉组织为中空的长方形孔格，是湿生结构，叶片下部的叶鞘长达 50～60cm，层层相互抱合成假茎。

花果：雌花序粗大。小坚果长椭圆形，种子深褐色。

图 3-7-11　形态特征

（2）物候习性

物候期：花果期 6—9 月。

生长习性：蒲草多自生在水边或池沼内，每年春季从地下匍匐茎发芽生长，并且不断发生分株；冬季遇霜后，地上部分完全枯萎，匍匐茎在土中过冬。

（3）分布情况

原产地：黑龙江、吉林、辽宁、内蒙古、河北、山东、河南、陕西、甘肃、新疆、江苏、湖北、云南、台湾等省区。

现状分布：中国、尼泊尔、印度、巴基斯坦、日本、俄罗斯、欧洲、美洲及大洋洲等。

（4）设计应用（图 3-7-12）

中国传统的水景花卉，用于美化水面和湿地。叶片可作编织材料；茎叶纤维可造纸。

图 3-7-12　设计应用

7. 香蒲

别名：蒲草、蒲菜、水蜡烛。

科属：香蒲科，香蒲属。

（1）形态特征（图 3-7-13）

树形：多年生水生或沼生草本植物。

枝干：根状茎乳白色，地上茎粗壮，向上渐细，高 1.3～2m。

叶：叶片条形，长 40～70cm，宽 0.4～0.9cm，光滑无毛，上部扁平，下部腹面微凹，背面逐渐隆起呈凸形，横切面呈半圆形，细胞间隙大，海绵状；叶鞘抱茎。

花果：雌雄花序紧密连接，果皮具长形褐色斑点。小坚果椭圆形至长椭圆形；种子褐色，微弯枝干。

图 3-7-13　形态特征

（2）物候习性

物候期：花果期 5—8 月。

生长习性：是喜光，宿根性，挺水型植物，由此延伸类似的有菖蒲（叶子短）。此类植物沿岸边局部栽植，占水体的 2/5 或是 1/3（不宜超过）。

（3）分布情况

原产地：欧亚大陆。

现状分布：中国、菲律宾、日本、俄罗斯及大洋洲等地均有分布。

（4）设计应用（图 3-7-14）

花粉即蒲黄入药；叶片用于编织、造纸等；幼叶基部和根状茎先端可作蔬食；雌花序可作枕芯和坐垫的填充物，是重要的水生经济植物之一。另外，该种叶片挺拔，花序粗壮，常用于花卉观赏。

图 3-7-14　设计应用

8. 菖蒲

别名：臭菖蒲、水菖蒲、泥菖蒲、大叶菖蒲、白菖蒲。

科属：天南星科，菖蒲属。

（1）形态特征（图 3-7-15）

树形：多年水生草本植物。

枝干：有香气，根状茎横走，粗状，稍扁，有多数不定根（须根）。全株有毒，根茎毒性较大。

叶：叶基生，叶片剑状线形，叶基部有膜质叶鞘，后脱落。

花果：花茎基生出，扁三棱形。肉穗花序直立或斜向上生长，圆柱形，黄绿色，两性，浆果红色，长圆形，有种子1～4粒。

图 3-7-15　形态特征

（2）物候习性

物候期：花期6—9月，果期8—10月。

生长习性：喜冷凉、湿润气候，阴湿环境，耐寒，忌干旱。

（3）分布情况

原产地：中国及日本。

现状分布：广布世界温带、亚热带。南北两半球的温带、亚热带都有分布。

（4）设计应用（图 3-7-16）

菖蒲叶丛翠绿，端庄秀丽，具有香气，适宜水景岸边及水体绿化。也可盆栽观赏或作布景用。叶、花序还可以用作插花材料。可栽于浅水中，或作湿地植物。

图 3-7-16　设计应用

9. 芡实

别名：鸡头米、鸡头苞、刺莲藕、刺莲蓬、刺莲蓬实、刀芡实、黄实、卵菱、剪芡实。

科属：睡莲科，芡属。

（1）形态特征（图 3-7-17）

树形：一年生水生草本。

枝干：具白色须根及不明显的茎。

叶：初生叶沉水，箭形；后生叶浮于水面，叶柄长，圆柱形中空，表面生多数刺，叶片椭圆状肾形或圆状盾形，表面深绿色，有蜡被，具多数隆起，叶脉分歧点有尖刺，背面深紫色。

花果：花单生；花梗粗长，多刺，伸出水面；花瓣多数，分 3 轮排列，带紫色。浆果球形，海绵质，暗紫红色，外被皮刺，种子球形，黑色，坚硬，具假皮。

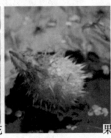
花　　　　　　　果　　　　　　　干　　　　　　　叶

图 3-7-17　形态特征

（2）物候习性

物候期：花期 6—9 月，果熟期 7—10 月。

生长习性：喜温暖、阳光充足，不耐寒也不耐旱。生长适宜温度为 20～30℃，水深 30～90cm。适宜在水面不宽，水流动性小，水源充足，能调节水位高低，便于排灌的池塘、水库、湖泊和大湖湖边。要求肥沃、含有机质多的土壤。以种子繁殖。

（3）分布情况

原产地：中国及东南亚地区。

现状分布：中国南北各省，从黑龙江至云南、广东。

（4）设计应用（图 3-7-18）

植于公园的湖边等水体中，极具观赏效果，种子可以食用。

图 3-7-18　设计应用

4

设计方法

4.1 循序渐进

1. 需要明确的三点

（1）植物配置首先要建立任务书，充分了解设计委托方的具体要求，有哪些愿望，对设计所要求的造价和时间期限等内容。其次，要对园址进行充分的调查与分析，认清问题和发现潜力。最后，设计师方能确定设计中需要考虑何种因素和功能，需要解决什么困难以及明确设计主题与设计效果。

（2）在设计程序中尽早考虑植物，以确保它们能从功能和观赏作用方面适合设计要求。在设计中对其他自然要素的功能、位置和结构已作了主要决策后，将植物仅作为装饰物或"糕点上的奶油"，在设计程序的尾声加以研究和使用，是极其错误的。

（3）种植设计程序是从总体到具体。纳尔逊在《种植设计：理论和实践指南》中，将这一程序归纳为"逆向设计"，确定设计中植物的具体名称是设计的最后一步，这样有助于保证植物根据其观赏特性、生长所需环境和功能作用决定植物名称。

2. 程序介绍

（1）功能分区图（图 4-1-1）

用图、表、符号来粗略地描绘这样一些项目，如空间（室外空间）、围墙、屏障、景物以及道路。植物的作用则是在合适的地方确定充当这样一些功能：障景、蔽阴、限制空间以及视线的焦点、大面积种植的区域。

在这一阶段，一般不考虑需使用何种植物，或各单株植物的具体分布和配置。此时，设计师所关心的仅是植物种植区域的位置和相对面积，而不是在该区域内的植物分布、特殊结构、材料或工程的细节。

（2）种植规划图（图 4-1-2）

功能分区图自身变得更加完善合理时，就可以进行下一个步骤——种植规划图：植物群体的初步组合，主要考虑种植区域内的初步布局，将种植区域划分成更小的、象征着各种植物类型、大小和形态的区域。比如，设计师可以有选择地将种植带内某一区域标上高落叶灌木，而在另一区域标上矮针叶常绿灌木，再一区域为一组观赏乔木。

不过，此时无需费力去安排单株植物，或确定确切的植物种类。这样能使设计师用基本方法，在不同的植物观赏特性之间勾画出理想的关系图。

在这个阶段中，需要注意以下三点。

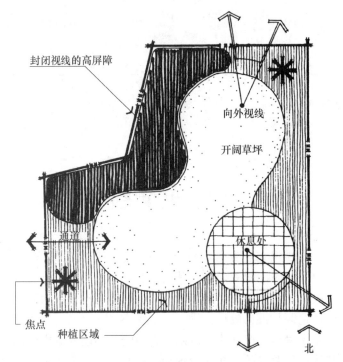

图 4-1-1 功能分区图

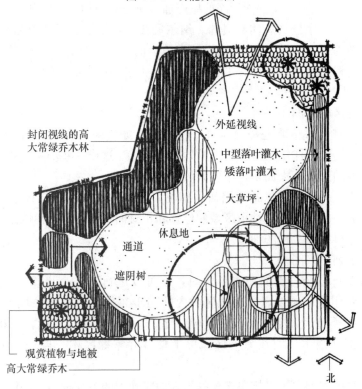

图 4-1-2 种植规划图

其一，在分析一个种植区域内的高度关系时，理想的方法是绘制出立面的组合图。制作该图的目的，就是用概括的方法分析各不同植物区域的相对高度。考虑到不同方向和观点，应尽可能画出更多的立面组合图，这样，便可以得到一个全面的、可从所有角度进行观察的立体布置。

其二，要群体地，而不是单体地处理植物素材。理由之一是一个设计中的各种相似因素，都会在布局内对视觉统一感产生影响；理由之二是植物在自然界中几乎都是以群体的形式存在的，和单个的植物相比具有稳定性和更多的相互保护性。

其三，注意点、线、面三个层次的植物种植安排。

（3）总平面图（图 4-1-3）

明确道路、铺装、建筑、水体、草坪等各要素的平面形式，并在其间排列单株植物，当然，此时的植物主要仍以群体为主，并将其排列来填满基本规划的各个部分。在设计中植物应与其他因素和形式相配合。如果设计得当，植物就会增强它们的形状和轮廓，具体分为以下两步：

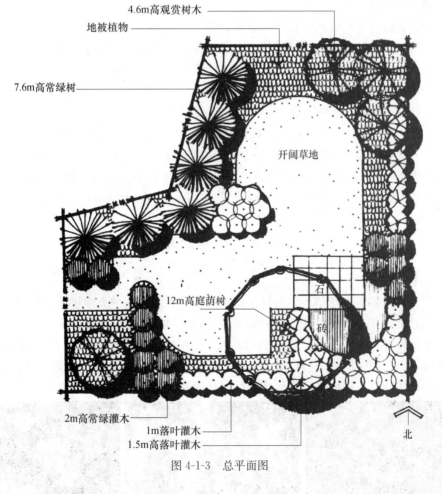

图 4-1-3 总平面图

①布置单体植物。

第一，在群体中的单株植物一般是成年树。

第二，在群体中布置单体植物时，应使它们之间有轻微的重叠，重叠部分基本上为各植物直径的1/4～1/3，这样布局会显得更统一。

第三，排列单体植物的原则是将它们按奇数，如3、5、7等组合成一组，每组数目不宜过多。超过7棵这一数目，对于人眼来说难以区分奇数或偶数。

②布置组与组或群与群之间的关系。

完成了单株植物的组合后，设计师紧接着应考虑组与组或群与群之间的关系。在这一阶段，单株植物的群体排列原则同样适用。

第一，各组植物之间，应如同一组中各单体植物之间一样，在视觉上相互衔接，各组植物之间所形成的空隙或"废空间"应予以彻底消除。

第二，各植物群之间有更多的重叠，以及相互渗透，增大植物之间的交接面。这样做会增加布局的整体性和内聚性，因为各组不同植物似乎紧紧地交织在一起，难以分割。

第三，树冠下面的空间。在树冠的平面边沿种植其他低矮植物，消除废空间，增加设计的流动性和连贯性。

3. 确定植物种类

依据以下内容才可以确定植物种类或名称。

其一，初步设计阶段所选择的植物大小、体形、色彩以及质地等的要求。

其二，阳光、风及各区域的土壤条件等因素。

其三，主题的需要相近似。

其四，植物种类数量的控制。确定一种普通种类的植物，以其数量而占支配地位，从而进一步确保布局的同一性。这种普通的植物树种应该在形式上呈圆形，具有中间绿色叶，以及中粗质地结构。这种树种从一个部位再现到另一个部位。然后，在设计布局中加入不同的植物种类，以产生多样化的特性。但是在数量和组合形式上都不能超过原有的这种普通植物。另外，用于种植设计中总的植物种类，应加以严格控制，以免量多为患。

4.2　四季有景

1. 植物的季相

春季万物复苏、百花争艳，无疑是观花的极好时段。夏季大多树木已经呈现出浓密之意，此时植物花朵不再茂密。虽然夏季开花的木本花较少，但仍有一些观花的树木，如栾树（黄）、白兰花（白）、珍珠梅（白）、太平花（黄）、七叶树（白）、紫薇（红）、珍珠绣球（白）等（图4-2-1）。夏季植物更吸引人的地方应是树荫，进入炎热的夏季，骄阳酷暑，清凉是人们的愿望，而浓密的树荫给游人提供了乘凉的场所。

图 4-2-1　植物花朵

秋季植物变化最为丰富，色彩变化，落叶归根，给予了秋季时间感和空间感，并且为单调的绿色景观增添了新的活力。植物的叶片形态是秋季植物最具有观赏价值的地方，秋季观叶的植物主要有常色叶植物和秋色叶植物，此外还有少数秋季展新叶的新叶异色植物（图4-2-2）。

图 4-2-2 秋季植物

冬季观赏价值较高的植物种类可分为两种：常绿树种和落叶树种。常绿树种（包括常绿针叶树和常绿阔叶树）多种多样，较常见的树形有三角形、圆柱形、塔形等（图4-2-3）。

图 4-2-3 冬季常绿植物

冬季植物颜色枯黄，可以利用常绿树种进行调和，但要注意常绿植物的使用比例，若使用过多，则会给人一种阴冷、凄凉的感受。落叶树种在冬季的树形和枝干形态具季节特性，可以营造出丰富的冬季景观。其表现方式如下：

①许多落叶植物体形架构十分美观，在冬季这一优点能展现得淋漓尽致。景观中落叶植物的姿态有柱形、塔形、圆锥形、椭圆形、圆形、半圆形、垂枝形等，它们可以表现出苍劲、挺拔、柔美、粗犷等不同的品质，给人以不同的审美感受。

②很多树种的树干和枝条具有很高的观赏价值，如二球悬铃木干皮灰白光滑，山桃干皮红色有光泽，榔榆、山茱萸、木瓜的树皮呈斑驳状，红瑞木枝干呈亮红色，白桦树皮雪白纸质、细腻光滑，梧桐干皮绿色光滑，紫薇干皮剥落光滑，迎春枝条绿色，金枝

槐、金枝垂柳小枝黄色，山皂荚树干布满枝刺等，这些都具有很好的观赏情趣。

③许多落叶树饱满的冬芽也很值得欣赏。如玉兰的芽、丁香属植物的芽，榆叶梅、珍珠梅、贴梗海棠、紫荆的芽，其是冬天就要结束，春天即将来临的标志，有催人奋进的感染力（图4-2-4）。

图 4-2-4　落叶树的冬芽

④很多植物的果实在冬季也具有观赏价值，如金银木、山茱萸、女贞、白鹃梅、欧洲琼花、天目琼花、平枝栒子、小檗属、小紫珠等，这些植物的果实给冬季，尤其是初冬，带来了不少生机与活力（图4-2-5）。

图 4-2-5　冬季植物的果实

2. 季相与设计

植物季相主要运用于园林景观设计的观赏功能，此外在空间情感和围合方面也发挥着重要的作用。

色彩本身是不具有冷暖属性的，只是人们通过视觉感官接收到了颜色，这种颜色使人们联系到生活中的一些事物，而这些事物是具有冷暖属性的，久而久之，人们就会产生定性思维，并且赋予了色彩冷暖属性。暖色就是能带给人们温暖之意的颜色，如红色、橙色、黄色等。同理，使人们产生寒冷之意的颜色就是冷色，如蓝绿、蓝紫等。众所周知，植物的主要色调为绿色，但随着季节的变化，部分植物会产生色调变化，并且表现出鲜明的季节特征，有的植物会渐变为暖色调，如栾树和枫树等，有的植物会变为冷色调，如蓝花楹和白玉兰等。暖色调能够带给人们兴奋感，而冷色调会让人们沉着冷静；高饱和度、高明度的颜色更具有兴奋感，低饱和度、低明度的颜色则带给人们沉静的感觉；强对比的色调具有兴奋之感，低对比的颜色则具有沉静之感。

植物在顶平面和垂直面上围合空间。对于落叶植物来说，不同的季节，植物顶平面的遮阴效果也不同。人们在不同的季节中对植物的功能需求也是不同的。在炎热的夏季，人们对植物的功能需求主要体现在对树荫的渴望，树荫空间下的温度要比暴露在阳光照耀下的空间的低，并且光照强度也会大大减弱。而在寒冷的冬季，人们渴望阳光带给我们的温暖，冬季植物的叶子大量掉落，落叶植物不具有良好的遮阴效果，阳光可以十分通畅地穿过植物枝干，照射到使用者身上，满足了使用者的需求。从这一层面上讲，对顶平面的利用就体现在合理利用落叶植物所创造的覆盖空间。垂直面的功能是抵挡季风的侵袭和控制人们的视线，从而控制空间的尺度感。我国南北气候差异较大，春、夏季节风向为东南风，温暖多雨，而在秋、冬季节，风向为西北风，干燥寒冷。所以在寒冷的冬季，在西北面尽量少使用落叶植物，落叶植物对冬季寒风的抵挡作用较差，可以将灌木和一些常绿乔木组合，营造出适宜的空间。另一方面，质地细密的植物，对于视线来说，有良好的阻碍作用，可使空间略显封闭，增加空间的观赏性。质地稀疏的植物，对视线的阻碍作用较差，可营造出较为通透开敞的空间。其体现在落叶植物上就是，夏季营造封闭空间，冬季可营造开敞空间。

在景观设计中，要充分考虑到植物的季相特征，合理地利用植物的季相特征，营造出具有时序性的园林景观。

4.3　层次分明

1. 植物景观层次的主要表现形式

植物的景观层次主要表现在水平空间和垂直空间，在种植设计上二者侧重点不一样，水平空间侧重的是植物景观疏密通透以及前景、中景和远景的合理搭配。而垂直空间侧重的则是植物景观的林冠线的起伏和上层景观、中层景观、下层景观的纵向配置。

（1）水平方向的植物景观层次

在水平方向的植物景观层次上，主要考虑的是林缘线的平面曲折变化、植物景观的疏密以及近景、中景、远景的合理配置。近景与中景的植物景观层次应该丰富多彩，富于变化，但也要讲究空间的通透；景观不应该阻挡中景、远景景观，免得浪费中景、远景的景观，让人不能观赏到其应有的景观特色；远景作为背景景观，层次可以简单明了，以衬托近景、中景的主景地位。近景通常以花坛形式配置，中景以小乔木、灌木造景，远景以片植乔木作为背景林，前疏后密，视野开阔。

（2）垂直方向的植物景观层次（图 4-3-1）

垂直方向的植物景观层次主要涉及上层、中层、下层的景观问题。在景观配置上，群落层次要分明。若上层的乔、灌木分枝点比较高，种类较少时，下面的地被植物则可适当高一些，植物品种也可相对丰富一些；若种植面积较小时，选择的植物应该以低矮为主，以避免使景观空间变窄，产生局促感；在花坛边缘，选择一些低矮的植物或蔓生种类，保持一定的高度，更能衬托出花的艳丽；在落叶树树丛下，可选择一些常绿的植物。比如上层种植冠幅较大的加勒列海枣；中层种植苏铁、花叶良姜、黄榕球等灌木；

而下层则可以种植花色明亮、花期较长的五时花、一串花等耐阴植物，从而达到整个景观层次相互协调、互相融洽，突出其层次感。

图 4-3-1　垂直方向的植物景观层次

　　要营造优美的植物景观层次，可以通过合理地选择丰富的植物品种来形成多层次的植物景观，也可以通过选择简单的一种或几种植物品种来形成简洁的植物景观，关键在于如何与周围环境相适应，即什么样的环境应该配置怎样的植物，适合怎样的景观层次，以符合植物生长的需要以及人们审美上的要求。

　　2. 植物与其他造景要素的层次关系

　　（1）不同地形的植物景观层次

　　在地形设计时，要考虑利用地形组织空间，创造不同的立面效果，山坡地可将景观空间划分为大小不等的开阔或封闭的空间类型，使景观富于变化。同时要注意使地形符合自然规律与艺术要求。不同的设计地形，为不同生态条件下正常生长的各种植物提供生长的环境，使园林景观更加美观丰富。如利用地形坡面，可以创造相对温暖的小气候条件，满足喜阳植物的生长要求。

　　利用植物可以强调地形的起伏高低，地形较高处即坡地的坡顶或坡度较大处种植高大的乔灌木，坡地下边缘即山麓种植较低矮灌木或草本植物，间或点种几株自然的乔木或灌木，可以加强坡地的高耸感，形成山林景观，也可以使植物景观层次更加明显，结构清晰，并起到障景的作用，避免了园内的景观一览无余，并且增强了植物景观层次，使山坡景观更显得突出，引人入胜（图 4-3-2）。

　　（2）水边的植物景观层次

　　水是园林中最活跃的元素，极富变化和表现力。水不仅能够为人们提供视觉欣赏，而且还可提供听觉欣赏和触觉欣赏。水体边缘植物配置对水面起装饰作用，实现从水面到堤岸的过渡。在放置有湖石或黄蜡石的溪边，运用肾蕨等耐阴观叶植物镶嵌于石景旁边，作为近景、下层景观；配以叶形上有所变化的花叶良姜；加上远景、上层的细叶紫薇、细叶榕，整个植物景观的远近、上下层次一目了然，清新雅静，潺潺的流水声更是增添了该景点的神韵，自然景象美丽清新（图 4-3-3）。

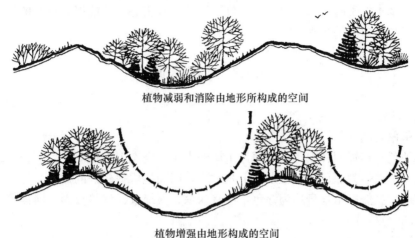

植物减弱和消除由地形所构成的空间

植物增强由地形构成的空间

图 4-3-2 不同地形的植物景观层次

图 4-3-3 水边的植物景观层次

（3）建筑物与植物景观层次

建筑物与植物景观层次的配置上主要有两种方式：一是将建筑物置于植物当中，植物景观对建筑起围合作用，层次丰富；二是以植物衬托建筑，更显得建筑物的美观造型，或雄伟，或轻巧。

建筑物旁配置植物，既要密切注意建筑风格和植物造景风格的一致性，使建筑体量和植物形态相适宜，又要避免绿化与建筑之间存在的冬遮阳光、夏挡东南风的弊病。在建筑旁的植物通常都是具有一定姿态、色彩、芳香的树种，以添加活泼气氛。例如，建筑前以片状天冬门、大爷红草、七彰大红花形成下层景观，以黄连翘球、山瑞香球作为中景景观，且左边的黄连翘球遮挡门口的下边缘，使得建筑物不完全外露在景观中，建筑物旁种植细叶榕形成上层景观，从而衬托出建筑的引景效果。

（4）道路与植物景观层次

路边的植物配置要结合路的形状来营造植物的景观层次，自然式的道路要有自然式的景观层次，要抛弃任何形式的修剪造型，利用植物本身的自然形态，让植物自然生长，这样植物间无论形状还是高度上都能融洽和谐，以引路人欣赏植物的自然姿态之美，而不求分明的景观层次。在路旁种植植物，使园路有若隐若现的感觉，更加引人入胜，一探究竟。

植物配置一定要做到层次分明，有了层次就有了节奏，才不会导致植物搭配杂乱无章，这是最基本的美感要求。只有把握好一定的形式美感，才能提升空间的格调，营造出更加优美且有内涵的景观氛围。

4.4 色彩设计

1. 色彩构图

（1）单色处理

以一种色相布置园林中，必须通过个体的大小、姿态上取得对比。例如，绿草地中的孤立树，虽然均为绿色，但在形体上是对比，因而能取得较好的效果。另外，在园林中块状林地，虽然树木本身均为绿色，但有深绿、淡绿及浅绿等分别，同样可以创造单纯、大方的气氛（图 4-4-1）。

图 4-4-1 植物的单色处理

（2）多种色相的配合

多种色相配合的特点是植物群落给人一种生动、欢快、活泼的感觉，例如在花坛设计中，常用多种颜色的花配在一起，创造出一种欢快的节日气氛。两种色彩配置在一起，如红与绿，能给人一种特别醒目、刺眼的感觉。在大面积草坪中，配置少量的红色花卉更具有良好的景观效果。

类似色的配合常用在从一个空间向另一个空间过渡的阶段，给人一种柔和安静的感觉（图 4-4-2）。

图 4-4-2 植物多种色相的配合

2. 色彩功能

（1）用于表现季相、时序景观

园林植物有着其特有的属性，即季相变化，因此，通过植物色彩来体现景观的季相变化和特点是非常合适的。早春枝柔叶嫩，鹅黄嫩绿；仲春百花竞放，七里飘香；仲夏枝繁叶茂，片片浓荫；深秋满目硕果，丹枫金黄；寒冬银装素裹，松翠梅红。四季不一的色彩给常年不变的山水和建筑增添了勃勃生机。合理利用园林植物的季相变化及色彩特性，做好组合搭配，可形成独特的时序景观，能很好地突出园林中季相景观的特色（图4-4-3）。

图4-4-3　植物用于表现色相、时序景观

（2）用于调整园林空间结构与营造环境气氛

园林空间通常由山、水、建筑、植物等诸多元素构成，而空间类型很大程度上取决于植物的体量、姿态、色彩等，而且色彩是其中最重要的元素之一。如用大色块、高纯度、对比色处理植物色彩景观，营造开敞的广场、疏林草坪等来烘托明快、开阔的环境气氛；用小色块、低纯度、类似色处理植物色彩景观，营造深林谷间、山间小路等闭合空间来表现幽深、宁静的山林野趣；山地造景，常以松柏为主，突出大气磅礴的气势，用白桦、黄栌和槭树类等色叶树衬托，辅以花色纯度高、花多大气的花灌木，达到层林尽染，大美山川的效果；水边造景，用低纯度、低明度的花卉，结合体型轻柔的植物，体现水景的柔美、静谧。

（3）用于表达园林意境

意境美是中国园林的精髓，自古至今，我国园林多以植物造景的寓意来表达意境，寄情于景，触景生情。而植物色彩景观是表达意境的最好方式之一，如独树一帜的苏州古典园林中就经常运用植物色彩来表现意境。苏州古典园林大多以黑瓦为顶、白墙为屏、红木为柱，然而园林中的植物种类却非常多，植物色彩的组合搭配也不尽相同，因而给人的感觉也不尽相同，比如，蕉叶给人以刚劲凌厉之感，柳叶给人以虚无飘渺之感，荷叶给人以圆润舒展之感等。不同形态、不同色彩的植物犹如挥毫泼墨时的不同用笔，虚实相交、分层而置，加之不同的配置组合巧妙布局，城市园林景观变成了一幅幅五彩缤纷、意境无限的彩墨画（图4-4-4）。

图4-4-4　植物用于表达园林意境

4.5　因地制宜

在园林景观设计中，要科学地选择植物的种类，这就需要景观设计师在进行植物的配置时必须做到适地适树、因地制宜，使植物能够很好地在基地生长，从而保证植物景观的形成。制约植物正常生长的因素主要是环境因素，包括温度、光照、水分、土壤、空气等。每个环境因素与植物生长关系的分析如下：

1. 温度与植物生长的关系

温度是影响植物正常生长的环境因素之一，众所周知，温度会随着海拔及纬度的变化而变化，海拔升高，纬度北移，温度下降；海拔降低，纬度南移，温度升高。温度对植物的生理活动有直接的影响，例如光合作用、呼吸作用、蒸腾作用等，这些生理活动是植物是否正常发育最明显的体现。

植物因为物种和发育阶段的不同，对温度的要求也有很大的区别，一般来说，大多数植物在0～35℃的温度范围内生长，随环境气温升高而加速生长，相反，环境气温降低，植物的生长会受到抑制。但在一些特殊的地区也有例外，例如热带干旱地区的植物能够承受的极限高温是50～60℃。

2. 光照与植物生长的关系

光照对植物的生长发育起着很大的作用，光照与植物最直接的联系就是光合作用。在生物学中，有一个概念是光补偿点，即光合作用所产生的化合物与呼吸作用所消耗的碳水化合物达到动态平衡时的光照强度，它反映的是植物正常生长发育的需光度。光合作用将光能转换为化学能，为植物的生命活动提供能量。根据植物生长对光照强度的要求，可将植物分为阳性植物、阴性植物和耐阴植物。

阳性植物正常生长需要充足的光照条件。需光度是全日照70％以上的光强，阳性植物在自然植物群落中常为一些上层乔木，包括大多数观花、观果类植物和少数观叶类植物，如木棉、桃、杏、悬铃木等。

阴性植物需光度为全日照5％～20％的光强，在较弱的光照下发育良好，遇到强光会枯萎而死。在自然植物群落中，阴性植物常是中下层乔灌木或地被植物，在群落结构中常是相对稳定的主体。其主要是一些观叶植物和少数的观花植物，如兰花、常春藤、红豆杉、地棉等。

耐阴植物需光度在阳性植物和阴性植物之间，对光的适应范围较大，全日照的条件下生长良好，也能忍受一些蔽阴环境，大多数植物属于这类，如山楂、罗汉松、珍珠梅等。

一般阳性树种多为速生树，寿命比耐阴树短。

光照时间是影响植物开花的重要因素，依照植物对光照时间的要求，可分为长日照植物、短日照植物和中日照植物。

长日照植物需要每天的光照时间长于14h才能形成花芽，日照的时间越长，开花的时间就越早。一般春末和夏季为自然花期的植物多为长日照植物。

短日照植物需要每天的光照时间在8～12h才能正常形成花芽和开花。一般早春和深秋为自然花期的植物多为短日照植物。

中日照植物对光照时间并没有特别苛刻的要求，只要发育成熟、温度适宜，无论光照时间长短均可开花。

3. 水与植物生长的关系

水是植物的重要组成部分，植物的体内含有将近 50％的水分，水同样也是植物生命活动的重要参与者，若水分不足，植物会枯萎而死，相反，水分过多，植物也会因缺氧而死。不同的植物对水分的要求也有很大的差异，根据植物对水分的要求，可将植物分为旱生植物、湿生植物及水生植物。

生长在黄土高原、荒漠、沙漠等干旱地区的植物大多属于旱生植物，如仙人掌、白皮松、百合、雪松、合欢等。这类植物能够忍受长期的干旱，根系比较发达，树形较为矮小，叶形小而厚。

湿生植物的生长需要大量的水分，它们的根部常浸没于浅水中，常见于水际边沿地带或热带潮湿、隐蔽的森林中。湿生植物一般适应性较差，大多是草本，木本较少。常见的湿生植物有垂柳、落羽杉、池杉、水杉、三角枫等。

水生植物是指植物的部分或全部必须要在水中生长的植物，根据其在水中生长的部位不同，又可分为沉水植物、浮水植物和挺水植物。常见的水生植物有睡莲、荷花、浮萍等。

4. 土壤与植物生长的关系

不同的岩石风化后会形成不同性质的土壤，土壤是植物生长的基础，为植物的生长提供充足的水分和各种矿物质营养元素。不同植物对土壤的要求不同，例如土壤的酸碱度、黏实度等，但主要还是受到酸碱度的制约。根据植物对土壤酸碱度的要求不同，可将其分为酸性植物、碱性植物和中性植物。

酸性植物是指对土壤 pH 值要求在 6.5 以下的植物，它们在中性的土壤中也能够生长，但在碱性的土壤中难以存活。我国长江以南的地区、北方海拔 2500m 以上的高山地区自然分布的植物大多都属于酸性植物，如杜鹃、茉莉、栀子花、山茶、马尾松、石楠等。

碱性植物对土壤的 pH 值要求在 7.5～8.5，常见的碱性植物有棉花、地肤、侧柏、向日葵、合欢、芦苇、枣树、怪柳、紫穗槐、沙棘、沙枣等。

中性植物对土壤的 pH 要求在 6.5～7.5，大多数的植物都属于此类。

在景观设计中，植物种植应遵循因地制宜的原则，适地适树，否则再美观的设计方案都只是空中楼阁。掌握植物的生长习性为我们的植物种植提供了切实可行的依据。

5

分类设计

植物造景设计中要遵循使用原则、生态原则和艺术原则。所谓使用原则是指植物造景要符合场地性质，如纪念性空间与商业空间的不同，宁静优雅空间与活跃生动空间的不同，儿童公园与老年人公园的不同，街道绿化与工厂绿化不同等。植物造景要满足使用功能的要求。设计的最终目的是为人服务，以人的心理需求和行为规律为根本出发点，因此要考虑每块场地的空间属性，营造人性化空间。生态原则包含三方面的含义：一是常提到的"适地适树"；二是植物的群体性，在配置上多采用乔灌草相结合的复层结构，建造多样化、多层次的人工植物群落，促进环境质量的提高；三是植物的多样性，以乡土树种为主，与外引树种相结合；以乔木大树为主，与灌、藤、花、草相结合；以阔叶乔木为主，与常绿树相结合；速生树种与慢长树种相结合。植物景观设计同样遵循着统一与变化、对比与调和、节奏与韵律、对称与均衡等艺术原则。

5.1 乔、灌木造景设计

1. 植物大小与乔、灌木种植

植物的大小是所有植物材料最重要、最引人注意的特征之一，若从远距离观赏，这一特征就更为突出，植物的大小成为种植设计布局的骨架，而植物的其他特征则为其提供细节和小情趣。植物大小和高度能使整个布局显示出同一性和多样性。如果在小型花园布局中，所有植物都同样大小，那么该布局虽然具有统一性，但同时也产生单调感。另一方面，若将植物在高度上有些变化，能使整个布局丰富多彩，从远处看去，植物高低错落有致，要比植物在其他视觉上的变比特征更明显（除了色彩差异外）。因此，植物的大小应该成为种植设计首先考虑的观赏特性，植物的其他特征，都是依照已定的植物大小来加以选用，植物按照大小可分为大中型乔木、小乔木、高灌木等（图 5-1-1）。

（1）大中型乔木（冠幅 5～9m，高度 9～12m）：

①室外环境的基本结构和骨架，大乔木能在小花园空间中作主景树。

②居于较小植物之中时，视线焦点。

③设计师首先要确立大、中乔木的位置，再确定小乔木、灌木的位置，以完善和增强大乔木形成的结构和空间特性。

④大、中乔木的树冠和树干能成为室外空间的"天花板和墙壁"，即在顶平面和垂直面上封闭空间。

⑤大、中乔木在景观中还被用来提供荫凉。

⑥大型庭荫树种在建筑及户外空间的西南、西、西北，可阻挡下午炎热太阳。

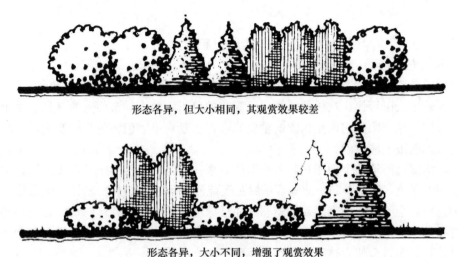

形态各异，但大小相同，其观赏效果较差

形态各异，大小不同，增强了观赏效果

图 5-1-1 植物种植设计布局

（2）小乔木（冠幅 3～4m，高度 4.5～6m）

①小乔木与装饰植物适合于受面积限制的小空间，或要求较精细的地方。

②能从垂直面和顶平面限制空间。

③焦点、构图中心（大小、形态、果实）。

（3）高灌木（冠幅 1～2m，高度 3～4.5m）

①无树冠，叶丛几乎贴地而长，如一堵围墙在垂直面上构成空间围合、视线屏障。

②当在低矮灌木的衬托下，高灌木形成构图的焦点时，其形态越狭窄，有明显色彩与质地，其效果将更突出。

③天然背景，衬托其前的雕塑。

（4）中、小灌木（冠幅 0.5～2m，高度 1～2m）

①因为小，所以大面积使用，才能获得最佳效果。

②限制或分割空间，视线部分通透。

③在视觉上具有联结其他不相关因素作用。不过，这一作用在某种程度上不同于地被植物，地被植物是使其他不相关因素，放置于相同的地面上，而产生视觉上的联系，而中、小灌木则有垂直连接的功能，这点与矮墙相似。

④在设计中充当附属因素。它们能与较高的物体形成对比，或降低一级设计的尺度，使其更小巧、更亲密。

（5）矮灌木（地被植物的一个种类）（高度 0.15～1m）

①矮灌木在设计中可以暗示空间边缘，就这种情况而言，地被植物常用于在外部空间中划分不同型态的地表面。

②地被植物能在地面上形成所需图案。

③地被植物因具有独特的色彩或质地，而能提供观赏情趣，引人入胜。

④作为衬托主要因素或主要景物的无变化的、中性的背景。作为一自然背景，地被植物的面积需大得足以消除邻近因素的视线干扰。

⑤各组互不相关的灌木或乔本，在地被植物层的作用下，都能成为统一布局中的一

部分。

　　⑥适合于开放草坪的边缘，作为"边缘种植"。

　　2. 植物色彩与乔、灌木种植

　　植物的色彩可以被看作情感的象征，这是因为色彩直接影响着空间的气氛和情感。鲜艳的色彩给人以轻快、欢乐的气氛，而深暗的色彩则给人异常郁闷的气氛。由于色彩易于被人们看见，因而它也是构图的重要元素，在景观中，植物色彩的变化，有时在很远的地方都能被人注意到。

　　（1）深绿色能给整个构图和其所在空间带来一种坚实凝重的感觉，成为设计中具有稳定作用的角色（图 5-1-2）。此外，深绿色还能使空间显得恬静、安详。但若过多地使用该种色彩，会给空间带来阴森沉闷感。而且深色调植物极易有移向观赏者的趋势。在一个视线的末端，深色似乎会缩短观赏者与被观赏景物之间的距离。同样，一个空间中的深色植物居多，会使人感到空间比实际窄小。

深色叶丛作为基础，而浅叶和枝条在其上，构图稳定

图 5-1-2　深色叶丛构图的稳定作用

　　（2）浅绿色植物能使一个空间产生明亮、轻快感。浅绿色植物除在视觉上有漂离观赏者的感觉外，同时给人欢欣、愉快和兴奋感（图 5-1-3）。

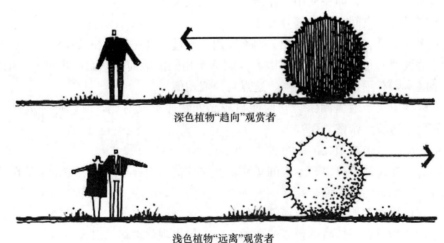

深色植物"趋向"观赏者

浅色植物"远离"观赏者

图 5-1-3　深、浅植物对于观赏者视觉感受

　　（3）一般深绿色植物作为底层，使构图稳定，浅绿色植物作为上层，产生轻快之感。

（4）深绿色植物常作为淡色或艳色植物的背景。

（5）以中间绿色为主，其他颜色为辅，作为深色和浅色植物的过渡。

（6）小心谨慎地使用一些特殊色彩，诸如青铜色、紫色或带有杂色的植物等，特定区域内可以大面积种植特殊色彩的植物。

（7）将两种对比色配置在一起，其色彩的反差更能突出主题。例如黑与白在一起则白会显得更白，而绿色在红色或橙色的衬托下，会显得更浓绿。

（8）假如在布局中使用夏季的绿色植物作为基调，那么花色和秋色则可以作为强调色。红色、橙色、黄色、白色和粉色，都能为一个布局增添活力和兴奋感，同时吸引观赏者注意设计中的某一重点景色。色彩鲜明的区域，面积要大，位置要开阔并且日照充足。因为在阳光下比在阴影里可使其色彩更加艳丽夺目。秋色叶和花卉，色彩虽艳丽，其重要性仍次于夏季的绿叶。

3. 植物树叶与乔、灌木种植

（1）落叶型

①突出强调了季节的变化。落叶型植物在秋天落叶，春天再生新叶。从地被植物到参天乔木均具有各种形态、色彩、质地和大小。

②具有让阳光透射叶丛，使其相互辉映，产生一种光叶闪烁的效果。

③枝干在冬季凋零光秃后，呈现独特的形象。

（2）针叶常绿树

①其色彩比其他种类的植物都深，这样就使得常绿针叶树显得端庄厚重。

②在一个植物组合的空间内，常绿针叶树可造成一种郁闷、沉思的气氛。

③在任何场所，都不应过多地种植该种植物，原因是它会使人产生悲哀、阴森的感觉。

④可以作为浅色物体的背景。

⑤由于针叶常绿植物叶的密度大，因而它在屏障视线、阻止空气流动方面非常有效。常绿植物是在一年四季中提供永恒不变的屏障和控制隐密环境的最佳植被。

⑥必须在不同的地方群植常绿针叶植物，避免分散。这是因为常绿针叶树在冬天凝重而醒目，太过于分散会导致整个布局的混乱感。

当单独使用时，落叶植物在夏季分外诱人，但在冬季却"黯然失色"，所以要将这两种植物有效地组合起来，从而在视觉上相互补充。在一个植物的布局中，落叶植物和针叶常绿植物的使用，应保持一定比例平衡关系。两种类型的植物，以其各自最好的特性而相互完善。北方地区常绿乔木与落叶乔木的比例以 1:4～1:3 为宜，常绿灌木与落叶灌木的比例以 1:2～1:1 为宜（图 5-1-4）。

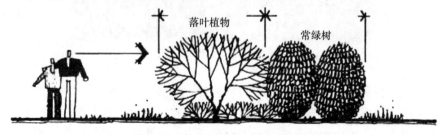

落叶树的枝条在常绿植物的衬托下更显眼

图 5-1-4　落叶树与常绿植物的组合

4. 种植类型与乔、灌木种植设计

乔、灌木种植设计类型可分为孤植、对植、列植、丛植等，不同的种植类型具有不同的种植方法。

（1）孤植

①孤植是指乔木的孤立种植。

②一般是一株植物，有时在特定的条件下，也可以是两株或三株紧密栽植，组成一个单元，但必须是同一树种，从远处看起来和单株栽植的效果相同。

③孤立树下不得配置灌木。

④孤立树的主要功能是构图的需要，作为局部空旷地段的主景，具有标志性、导向性，多处在平面构图中心和空间视觉中心。当然同时也可以蔽阴。

⑤孤树不孤。孤植树种植的地点应比较开阔，不仅要有足够的生长空间，而且要有比较合适的观赏视距和观赏点。以草坪作地被、其他树木作陪衬，以蓝天或山体作背景，以突出孤植树在形体、姿态、色彩等方面的特色。

⑥诱景线。在树木或其他物体中间保留的可透视远方景物的空间。

⑦孤立树作为主景是用以反映自然界个体植株充分生长发育的景观，外观上要挺拔繁茂，雄伟壮观。

⑧孤立树应选择具备以下几个基本条件的树木：

a. 植株的形体美而较大，枝叶茂密，树冠开阔，或是具有其他特殊观赏价值的树木。

b. 生长健壮，寿命很长，能经受重大自然灾害，宜多选用当地乡土树种中久经考验的高大树种。

c. 树木不含毒素，没有带污染性并易脱落的花果，以免伤害游人，或妨碍人们活动。

（2）对植

用两株或两丛树分别按一定的轴线左右对称地栽植称为对植（图 5-1-5）。

图 5-1-5 对植

作为对植的树种，要求树形整齐一致、美观，体量大小一致。

对植多用在规则式的绿地布置中，但要求树种和规格大小相一致，两树的位置连线应与中轴线垂直，又被中轴线平分。对植也可以用在自然式绿地布置中，用两株或两丛树的配置可以自由些，但树姿的动势要向轴线集中，使左右均衡富于变化，又相互呼应，形成的景观比较生动活泼。

对植多用在公园、大型建筑的出入口两旁或纪念物、蹬道石级、桥头两旁，起着烘托主景的作用；或形成配景、夹景，以增强透视的纵深感。

（3）列植（也称行列栽植）（图 5-1-6）

行列栽植是指乔灌木按一定的株行距成排地种植，或在行内株距有变化。行列栽植的形式有两种：等行等距和等行不等距。

行列栽植形成的景观比较整齐、单纯、气势大，是规则式园林绿地中应用最多的基本栽植形式。在自然式绿地中也可布置比较整形的局部。行列栽植与道路配合，可形成夹景效果。

行列栽植具有施工、管理方便的优点。

行列栽植宜选用树冠体形比较整齐的树种，如圆形、卵圆形、倒卵形、塔形、圆柱形等，而不选枝叶稀疏、树冠不整齐的树种。

行距取决于树种的特点、苗木规格和园林主要用途，如景观、活动场所等。一般乔木行距采用 3～8m，灌木为 1～5m。

图 5-1-6 行列栽植

（4）丛植

丛植通常是指由三株到九株以及十几株乔木或乔灌木组合种植而成的种植类型。

树丛是园林绿地中重点布置的一种种植类型。它既能表现出植物的群体美，也能表现出树中的个体美。它可用作主景或诱导、配景，也可以用作背景或隔离措施。

树丛可以分为单纯树丛及混交树丛两类。蔽阴的树丛最好采用单纯树丛形式，一般不用灌木或少用灌木配植，通常以树冠开展的高大乔木为宜。而在构图上作为主景、配景用的树丛，则多采用乔灌木混交树丛。

在古典园林中，很多著名的景区都较好地诠释了丛植的景观效果。例如，苏州网师园"看松读画轩"前，罗汉松、桧柏、白皮松、黑松和牡丹组成的多树种树丛；拙政园"远香堂"前广玉兰、柏、枫杨组成的多树种树丛；怡园"金粟亭"周围，桂花组成的单树种树丛。

树丛作为主景时，宜用针阔叶混植的树丛，观赏效果特别好，可配置在大草坪中央、水边、河旁、岛上或土丘山岗上，作为主景的焦点。在中国古典山水园林中，树丛与岩石组合常设置在粉墙的前方，走廊或房屋的角隅，组成一定画题的树石小景。

作为诱导用的树丛多布置在进口、路叉和弯曲道路的部分，把风景游览道路固定成曲线，诱导游人按设计安排的路线欣赏丰富多彩的园林景色，另外也可以用作小路分歧的标志或遮蔽小路的前景，达到峰回路转又一景的效果。

选择作为组成树丛的单株树木条件与孤植树相似，必须挑选在蔽阴、树姿、色彩、芳香等方面有特殊价值的树种。

（5）群植（图 5-1-7）

组成群植的单株树木数量一般在 20～30 株以上。树群所表现的主要是群体美，多用于围合、隔离、遮蔽以形成不同景观空间。

树群的组合方式，最好采用郁闭式、复层的组合。树群内通常不允许游人进入，游人也不便进入，因而不利于作庇荫休息之用。

树群内植物的栽植距离要有疏密变化，构成不等边三角形，切忌成行、行排、成带地栽植，常绿、落叶、观叶、观花的树木应用复层混交及小块混交与点状混交相结合的方式，形成主次分明、天际线明显、林缘线变化的具有群体美的园林景观。

树群可以分为单纯树群和混交树群两类。

单纯树群由一种树木组成，可以应用宿根性花卉作为地被植物。

树群的主要形式是混交树群。混交树群常用常绿与落叶乔木、灌木、地被等复层组合，常分为乔木层、亚乔木层、灌木层及多年生草本植被。其中每一层都要显露出来，其显露的部分应该是该植物观赏特征突出的部分。上层大乔木用以发挥绿茵如盖功能，亚乔木和灌木层选用的树种，最好开花繁茂，或是有美丽的叶色，草本覆盖植物应以多年生野生性花卉为主，树群下的土面不能暴露。

高度采光的乔木层应该分布在中央，亚乔木在四周，大灌木、小灌木在外缘。以叶色深绿的常绿树为背景，能使樱花、杜鹃、红枫等花木和色叶木更加亮丽。在落叶阔叶树群中，栽植高出林缘、叶色墨绿的松树，更显突出生动。

图 5-1-7　群植

（6）林带

林带在景观中用途很广，可屏障视线，分隔景观空间，可做背景，可庇荫，还可防风、防尘、防噪声等（图 5-1-8）。

林带可以是单纯林，也可以是混交林，要视其功能和效果的要求而定。

乔木与灌木、落叶与常绿混交种植，在林带的功能上也能较好地起到防尘和隔声效果。

防护林带的树木配置，可根据要求进行树种选择和搭配，种植形式均采用成行成排的形式。

自然式林带内，树木栽植不能成行成排，各树木之间的栽植距离也要各不相等，天际线要起伏变化，外缘要曲折。林带也以乔木、亚乔木、灌木、多年生花卉组成。

林带属于连续风景的构图，构图的鉴赏是随游人前进而演进的，所以林带构图中要有主调、基调和配调，要有变化和节奏，主调要随季节交替而交替。

当林带分布在河滨两岸、道路两侧时，应成为复式构图。

图 5-1-8　林带

（7）林植（树林）

凡成片、成块大量栽植乔灌木，构成林地或森林景观的称为林植或树林（图 5-1-9）。林植多用于大面积公园安静区、风景游览区或休、疗养区卫生防护林带。

树林可分密林和疏林两种，密林的郁闭度达 70％～100％，疏林的郁闭度在 40％～70％，密林和疏林都有纯林和混交林。

密林纯林应选用最富于观赏价值而生长健壮的地方树种。密林混交林具有多层结构，如林带结构，大面积混交密林多采用片状或带状混交，小面积混交密林多采用小片状或点状混交、常绿树与落叶树混交。密林栽植密度成林保持株行距 2～3m。

疏林多与草地结合，成为"疏林草地"，夏天可蔽阴，冬天有阳光，草坪空地供游息、活动，林内景色变化多姿，深受游人喜爱。疏林的树种应有较高的观赏价值，生长健壮，树冠疏朗开展，四季有景可观。

图 5-1-9　林植（树林）

（8）绿篱（绿墙）

凡是由灌木或小乔木以近距离的株行距密植，栽成单行或双行，紧密结合的规则种植形式，称为绿篱或绿墙。

绿篱的种植密度根据使用目的，不同树种、苗木规格和种植地带的宽度而定。矮绿篱和一般绿篱，株距可采用 30～50cm，行距为 40～60cm，双行式绿篱呈三角形交叉排列。绿墙的株距可采用 1～1.5m，行距 1.5～2m。

根据高度划分绿篱可分为以下几种。

①高绿篱（120～160cm）、绿墙（160cm 以上）。能够完全遮挡住人们的视线；多为等距离栽植的灌木或半乔木，可单行或双行排列栽植。以防噪声、防尘、分隔空间为主，作为雕像、喷泉和艺术设施的背景，尤能创造美好的气氛。可在其上开设多种门洞、景窗以点缀景观。造篱材料可选择构树、柞木、法国冬青、大叶女贞、桧柏、榆树、锦鸡儿、紫穗槐等。

②中绿篱（50～120cm）。其在景观建设中应用最广，栽植最多，多营建成花篱、果篱、观叶篱。造篱材料依功能可栽植栀子、含笑、木槿、红桑、吊钟花、变叶木、金叶女贞、金边珊瑚、小叶女贞、七里香、火棘、茶树等。

③矮绿篱（50cm 以下）。它可作为一种景观设计手法大量应用于景观绿地。它体现的不是植物的自然美、个体美，而是通过人工修剪造型的办法，体现植物的修剪美、群体美。这些植物组合为色块，应用于不同场合，能起到丰富景观、增加绿量的作用，有着简洁明快、气度不凡的效果。其虽不能完全取代草坪和草本地被植物所产生的作用和效果，但也因它具有便于管理、效果极佳的优点被广泛应用于景观绿化的重要部位。

根据功能要求与观赏要求划分绿篱可分为以下几种。

①普通绿篱：通常用锦熟黄杨、黄杨、大叶黄杨、女贞、圆柏、海桐、珊瑚树、凤尾竹、白马骨、福建茶、千头木麻黄、九里香、桧柏、侧柏、罗汉松、小腊、雀舌黄杨、冬青等。

②刺篱：一般用枝干或叶片具钩刺或尖刺的种类，如枳、酸枣、金合欢、枸骨、火棘、小檗、花椒、柞木、黄刺玫、枸桔、蔷薇、胡颓子等。

③花篱：一般用花色鲜艳或繁花似锦的种类，如扶桑、叶子花、木槿、棣棠、五色梅、锦带花、栀子、迎春、绣线菊、金丝桃、月季、杜鹃花、雪茄花、龙船花、桂花、茉莉、六月雪、黄馨，其中常绿芳香花木用在芳香园中作为花篱，尤具特色。

④果篱：一般用果色鲜艳、累累的种类，如小檗、紫珠、冬青、杜鹃花、雪茄花、龙船花、桂花、栀子花、茉莉、六月雪、金丝桃、迎春、黄馨、木槿、锦带花等。其中常绿芳香花木用在芳香园中作为花篱，尤具特色。

⑤彩篱：一般用终年有彩色叶或紫红叶斑叶的种类，如洒金东瀛珊瑚、金边桑、洒金榕、红背桂、紫叶小檗、矮紫小檗、金边白马骨、彩叶大叶黄杨、金边卵叶女贞、黄金榕、红叶铁苋、变叶木、假连翘。此外，也可用红瑞木等具有红色茎杆的植物，入冬红茎白雪，相映成趣。

⑥落叶篱：由落叶树组成。北方常用，如榆树、丝绵木、紫穗槐、柽柳、雪柳等。

⑦蔓篱：由攀缘植物组成。在建有竹篱、木栅围墙或铅丝网篱处，可同时栽植藤本植物，攀缘于篱栅之上，另有特色。植物有叶子花、凌霄、常春藤、茑萝、牵牛花等。

⑧编篱：植物彼此编结起来而成网状或格状的形式。编篱可以增加绿篱的防护作用。其常用的植物有木槿、杞柳、紫穗槐等。

绿篱的作用与功能如下。

①范围与围护作用：园林中常以绿篱作防范的边界，可用刺篱、高篱或绿篱内加铁刺丝。绿篱可以组织游人的游览路线，使游人按照所指的范围参观游览。不希望游人通过的可用绿篱围起来。

②分隔空间和屏障视线：景观中常用绿篱或绿墙屏障视线，分隔不同功能的空间。这种绿篱最好用常绿树组成高于视线的绿墙。如把儿童游戏场、露天剧场、运动场与安静休息区分隔开来，减少互相干扰。在自然式布局中，有局部规则式的空间，也可用绿墙隔离，使强烈对比、风格不同的布局形式得到缓和。

③作为规则式景观的区划线：以中篱作分界线，以矮篱作为花境的边缘、花坛和观赏草坪的图案花纹。

④作为花境、喷泉、雕像的背景：景观中常用常绿树修剪成各种形式的绿墙，作为喷泉和雕像的背景，其高度一般要与喷泉和雕像的高度相称，色彩以选用没有反光的暗绿色树种为宜，作为花境背景的绿篱，一般均为常绿的高篱及中篱。

⑤美化挡土墙：在各种绿地中，在不同高度的两块高地之间的挡土墙，为避免立面上的枯燥，常在挡土墙的前方栽植绿篱，把挡土墙的立面美化起来。

绿篱　　　　　　　　　　花篱　　　　　　　　　　蔓篱

图 5-1-10　绿篱、花篱、蔓篱的功能与观赏要求

5.2　草坪造景

草坪为游人休息与户外活动提供清洁、舒适的绿色地面，而且在园林景观上提供了

优美协调的绿色底色，衬托出不同色彩、不同形态的乔、灌、草、花卉、山石、建筑与雕塑的结合，给人们不同的艺术享受（图 5-2-1）。

图 5-2-1 草坪造景

1. 草坪的类型

（1）按草坪使用功能不同划分

①游息草坪：供人们散步、休息、游戏、户外活动等，多用在公园、小游园、花园中。

②观赏草坪：专供观赏使用，不允许游人入内游戏或践踏，多用在小游园、小花园、花坛中。

③体育草坪：供体育活动使用的草坪，如足球、网球、高尔夫球、武术场、儿童游戏场等。

以上草坪中草的高度一般保持 7cm 左右，所以经常需要修剪。除此之外还有牧草地、飞机场草地、森林草地、林下草坪、护坡草坪等。

（2）按草本植物种类组合不同划分

①单纯草坪：由一种草本植物组成。

②混合草坪：在禾本科多年生草本植物中混有其他草本植物的草坪。

③缀花草坪：混有少量开花的多年生草本植物的草坪，如水仙、鸢尾、石蒜、葱兰等栽植在草坪中。

（3）按规划的形式不同划分

①自然式草坪：充分利用自然地形，或模拟自然地形起伏，创造原野草地风光，这种大面积的草坪有利于修剪和排水。

②规则式草坪：草坪的外形具有整齐的几何轮廓，多用于规则式景观中。

（4）按草坪与树木的组合关系不同划分

①空旷草坪：草坪上不栽植任何乔、灌木，视线开阔。

②闭锁草坪：草坪的四周被包围达 3/5 以上，而且屏障物高度在视平线之上。

③开朗草坪：草坪四周 3/5 的边界无高于视平线的屏障。

④疏林草坪：草坪中乔木株距在 8～10m，郁闭度为 30%～60%。

⑤林下草坪：树林的郁闭度在 70% 以上。

2. 常见草坪草种介绍

适合于铺设草坪的草种很多，常用的种类和生长特性见表 5-2-1、表 5-2-2。

表 5-2-1 暖季型草坪常用草种

种名	科名	特性	应用	分布
结缕草	禾本科	阳性，耐干旱，耐踩，低矮，不需修剪	观赏，游戏场	全国各地
天鹅绒草	禾本科	阳性，无性繁殖，不耐寒，耐踩，低矮，不需修剪	观赏，网球场	长江流域，华南地区
狗牙根	禾本科	阳性，耐踩，耐旱，耐瘠薄，耐盐碱	体育场，游戏场	全国各地
马尼拉	禾本科	抗旱力强，耐瘠薄，耐踏	观赏	长江流域以南
假俭草	禾本科	阳性，耐潮湿，适应性强	水池边，树下	长江以南

表 5-2-2 冷季型草坪常用草种

种名	科名	特性	应用	分布
野牛草	禾本科	半阴性，耐旱，耐踩	游戏场，树下	北方各地
红顶草	禾本科	耐寒，喜湿润，不耐阴，不耐剪	水池边	华中、西南、长江流域
高羊茅	禾本科	耐干旱，耐砂土、耐瘠薄，耐践踏	绿化、观赏	西北
早熟禾	禾本科	耐踩，耐阴湿，不耐旱	树下	全国
羊胡子草	禾本科	耐阴，不耐踩	树下	北方
红狐茅	禾本科	耐阴，需修剪，耐寒，耐旱，耐湿	观赏，游戏场	西南各地，东北
剪股颖	禾本科	耐阴，耐潮湿，抗病虫、耐瘠薄，喜酸性土	观赏，树下	山西

5.3 花卉与地被植物造景

1. 花坛

外部平面轮廓具有一定几何形状，以各种低矮的观赏植物，配植成各种图案的花池，称为花坛（图 5-3-1）。一般花坛中心部位较高，四周逐渐降低，倾斜面在 5°～10°，以便排水，边缘用砖、水泥等做成几何形矮边。花坛主要是通过色彩或图案来表现植物的群体美。花坛具有装饰特性，在景观造景中常作为主景或配景。

图 5-3-1 花坛

1）花坛的分类

（1）按花坛的运用方式划分

①独立花坛

内部种植观赏植物，外部平面具有一定几何形状且又作为局部构图的主体的花坛，称为独立花坛（图 5-3-2）。独立花坛长轴与短轴之比一般以小于 2.5 为宜。种植材料常以一、二年生或多年生的花卉植物及毛毡植物为主，多布置在公园、小游园、林荫道、广场中央、交叉路口等处，其形状多种多样。独立花坛由于面积较小，游人不得入内。

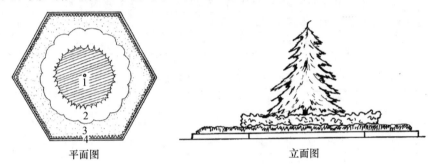

平面图　　　　　　　　　　立面图

图 5-3-2　独立花坛

1—雪松；2—月季；3—万寿菊；4—彩叶草

②带状花坛

花坛平面的长度为宽度的 3 倍以上者称带状花坛（图 5-3-3）。较长的带状花坛可以分成数段，其中除使用草本花卉外，还可点缀木本植物，形成数个相近似的独立花坛连续构图。带状花坛多布置在街道两侧、公园主干道中央，也可作配景布置在建筑墙垣、广场或草地边缘等处。

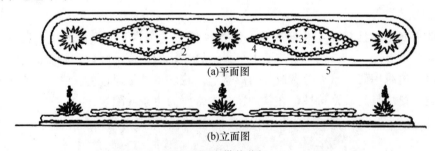

(a)平面图

(b)立面图

图 5-3-3　带状花坛

1—凤尾兰；2—串红；3—矮牵牛；4—三色堇；5—麦冬

③花坛群

由许多花坛组成一个不可分割的构图整体称为花坛群。在花坛群的中心部位可以设置水池、喷泉、纪念碑、雕像等。花坛群常用在大型建筑前的广场上或大型规则式的景观中央，游人可以入内游览。

（2）按表现形式划分

①花丛花坛

花丛花坛花色要求明快、搭配协调，主要表现花卉群体色彩美（图 5-3-4）。其在公园中、大型建筑前、广场上人流较多的热闹场所应用较多，常设在视线较集中的重点地块。要求四季花开不绝，因此必须选择生长好、高矮一致的花卉品种，含苞欲放时带土或倒盆栽植。

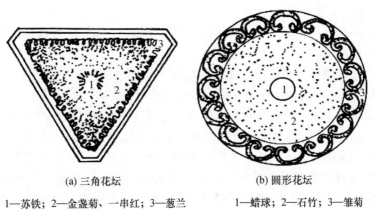

(a) 三角花坛　　　　　　　　　　　　(b) 圆形花坛

1—苏铁；2—金盏菊、一串红；3—葱兰　　　　1—蜡球；2—石竹；3—雏菊

图 5-3-4　花丛花坛

多选择花期一致、花期较长、花大色艳、开花繁茂、花序高矮一致或呈水平分布的一、二年生草本花卉或球根花卉，如金盏菊、一串红、郁金香、金鱼草、鸡冠花、矮牵牛、万寿菊、百日草、三色堇等。花丛花坛一般不用观叶的木本植物。

②模纹花坛

模纹花坛又称镶嵌花坛、图案式花坛。它以不同色彩的观叶植物、花叶兼美的观赏植物为主，配置成各种美丽的图案纹样，幽雅、文静，常作配景使用，布置在各种倾斜坡地上。

要求图案纹样相对稳定，维持较长的观赏期，植物选择多采用植株低矮、枝叶细密、萌发性强、耐修剪的观叶植物，如瓜子黄杨、金叶女贞、紫叶小檗、小龙柏、香雪球、矮霍香蓟、彩叶草、五色草、松叶菊等；也可选择花期较长、花期一致、花小而密、花叶兼美的观花植物，如四季海棠、石莲花等。

a. 毛毡模纹花坛：在花坛中用观叶植物组成各种精美的装饰图案，表面修剪成整齐的平面或曲面，形成毛毯一样的图案画面，称为毛毡模纹花坛。

b. 浮雕模纹花坛：在平整的花坛表面修剪出具有凹凸浮雕的花纹，称为浮雕模纹花坛。凸的纹样通常由常绿小灌木修剪而成，凹陷的平面常用草本植物。

c. 标题式花坛：将花坛中的观叶植物修剪成文字、肖像、动物、时钟等形象，使其具有明确的主题思想，称为标题式花坛。其常用在城市街道、广场的缓坡之处。

d. 飘带模纹花坛：把模纹修剪成细长的飘带状即为飘带模纹花坛，常用在严肃的大门或道路两侧。

e. 立体模纹花坛：使用钢筋、竹、木等为骨架，在其上覆盖泥土种植五色苋等观叶植物，创造时钟、日晷、日历、饰瓶、花篮、动物形象等的花坛，称为立体模纹花坛。其常布置在公园、庭园游人视线交点上，作为主景观赏。

2）花坛平面布置要点

花坛平面与环境相协调统一：花坛平面外形轮廓总体上应与广场、草坪等周围环境的平面构成相协调，但在局部处理上要有所变化，使构图在统一中求变化、在变化中求统一。

花坛大小与面积要适度：花坛面积与环境应保持适度的比例关系，以 1/3～1/15 为宜。一般作为观赏用的草坪花坛面积比例可稍大一些，华丽的花坛比简洁的花坛面积比例可稍小些，在行人集散量或交通量较大的广场上，花坛面积比例可以更小一些。

3）花坛单体设计要点

花坛内部图案纹样：花丛花坛宜简洁，模纹花坛可丰富，模纹纹样线条宽度不能太细，至少在 10cm 以上。

花坛面积：单体花坛面积不宜过大，大则观赏不清楚且宜产生变形。一般模纹花坛直径或短轴以 8～10m 为宜，花丛花坛直径或短轴可达 15～20m。

花坛种植床的要求：为突出花坛主体及其轮廓变化，可将花坛种植床适当抬高，以高出地面 7～10m 为宜；为利于观赏和排水，常将花坛中央隆起，成为向四周倾斜的和缓曲面，形成一定的坡度。植床土层厚度视植物种类而异，一、二年生花卉至少要20～30cm，多年生花卉或灌木至少要 40～50cm。为使花坛有一个清晰的轮廓和防止水土流失，植床边缘常用缘石围护。围护材料可用砖、卵石、混凝土、树桩等，缘石高度和宽度可控制在 10～30cm，造型宜简洁，色彩应淡雅。

2. 花境

花境是介于规则式和自然式构图之间的一种长形花带（图 5-3-5）。从平面布置来说，花境外形轮廓是平行直线或几何曲线，它是规则的；从内部植物栽植来说，其植物配置完全采用自然式种植方式，是自然的。花境既可作为主景，也可作为配景。依据立地条件、设计意图的不同，花镜分为林缘花境、墙基（篱前）花境、临水花境、岛状花境、路缘花境、岩石花境和专类花境等。

图 5-3-5　花境

依植物材料不同花境分为以下类型。

①灌木花境：主要由观花、观果或观叶灌木构成，如月季、南天竹、石岩杜鹃等组

成的花境。

②宿根花卉花境：由当地可以露地越冬、适应性较强的多年生宿根花卉构成，如鸢尾、芍药、玉簪、萱草等。

③球根花卉花境：由球根花卉组成的花境，如百合、石蒜、水仙、唐菖蒲等。

④专类花境：由一类或一种植物组成的花境，如蕨类植物花境、芍药花境、蔷薇花境等。此类花境在植物变种或品种上要有差异，以求变化。

⑤混合花境：主要指由灌木和宿根花卉混合构成的花境，在景观中应用较为普遍。

依观赏方式不同花境分为以下类型。

①单面观赏花境：植物配置形成一个斜面，低矮植物在前，较高的植物在后，建筑或绿篱作为背景，仅供游人单面观赏。

②双面观赏花境：植物配置为中间较高、两边较低，可供游人从两面观赏。

花境中观赏植物要求造型优美，花色鲜艳，花期较长，管理简单，平时不必经常更换植物就能长期保持其群体自然景观；在配置上既要注意个体植株的自然美，又要考虑整体美。常用于花境的植物有月季、杜鹃、蜡梅、珍珠梅、夹竹桃、笑靥花、棣棠、连翘、迎春、榆叶梅、飞燕草、波斯菊、金鸡菊、美人蕉、蜀葵、大丽花、金鱼草、福禄考、美女樱、蛇目菊、萱草、芍药等。

选好植物的同时，如何把它们合理地搭配在一起以达到理想的效果也是非常重要的。例如设计一个四周都可以观赏的多面花境，中部以较高的花灌木（如连翘或榆叶梅）为主，在其周围布置较矮的宿根花卉萱草，外围以美女樱等镶边，形成高、中、低三层。如为单面观赏花境，应在后面栽植灌木（如珍珠梅、蜡梅）等较高的花木，前面配较矮的花草，以便形成立体层次感。此外，花境的植物配置还应注意观赏效果的时间长短、观赏的趣味性、花木生长季节的变化、深根系与浅根系的种类搭配等，配置时要考虑花期一致或稍有迟早、开花成丛或疏密相间等，方能显示出季节的特色。

3. 花台与花箱

在40～100cm高的空心台座中填土并栽植观赏植物，称为花台（图5-3-6）。花台主要以观赏植物的体形、花色、芳香及花台造型等综合美为目的。

图 5-3-6　花台

花台的形状多种多样，有几何形体，也有自然形体。

花台或依墙而筑，或正位建中，常在庭前、廊前或栏杆前布置。

一般在花台上面种植小巧玲珑、造型别致的松、竹、梅、丁香、天竺、铺地柏、枸骨、芍药、牡丹、月季等。花台上还可点缀以山石，配置花草。

花台还可与假山、座凳、墙基相结合，作为大门旁、窗前、墙基、角隅的装饰，但在花台下面必须设有盲沟，以利排水。

用木、竹、瓷、塑料制造的专供花灌木或草本花卉栽植使用的箱，称为花箱（图 5-3-7）。花箱可以制成各种形状，摆成各种造型，可机动灵活地布置在室内、窗前、阳台、屋顶、门口及道旁、广场中央等处。

图 5-3-7　花箱

5.4　攀缘植物造景

由于藤本植物具有攀缘或匍匐性，外观具有较强的可塑性，因此能够应用在不同场合形成不同的特殊景观。

攀缘植物在墙面、阳台、花棚架、庭廊、石坡、岩壁等处进行绿化可形成丰富的立体景观，同时能充分利用土地和空间，在短期内达到绿化的效果，占地面积少而绿化覆盖面积却很大。因此，在建筑密集的城市，对机关、学校、医院、工厂、居住区、庭园等进行攀缘植物造景，具有现实意义，有利于解决城市和某些绿地建筑拥挤，地段狭窄，无法用乔木、灌木绿化的困难，通过使植物紧靠建筑物，既丰富了建筑的立面，同时在遮阳、降温、防尘等功能方面效果也很显著。

1. 住宅和公共建筑的攀缘植物种植

住宅和公共建筑的攀缘植物种植主要是在其外墙部分，特别是西面的外墙，通过种植攀缘植物，可使室内温度降低（图 5-4-1）。

对于墙面粗糙或有粗大石缝的墙面，一般可选用有卷须、吸盘、气生根等天然附墙器官的植物，如常春藤、爬山虎、地锦等。对于那些墙面光滑或个别露天部分，如白粉墙，可以选择爬山虎、络石等，它们生长快、效果好，可形成生动的画面，秋季还可观赏叶色的变化。

图 5-4-1　住宅和公共建筑的攀缘植物种植

2. 窗、阳台等装饰

装饰性要求较高的窗、阳台最适宜用攀缘植物垂直绿化。如窗、阳台前是泥地，则可利用支架把攀缘植物引到窗或阳台所要求到达的高度；如窗、阳台前是水泥地，则可预制种植箱，为确保其牢固性及冬季光照需要，一般采用种植一、二年生落叶攀缘植物（图 5-4-2）。

图 5-4-2　窗、阳台等装饰

3. 独立布置攀缘植物

将攀缘植物用于花架、拱门、灯柱、栅栏等处，可成为半露天的遮荫设施，为游人提供休息场所（图 5-4-3）。其可以选择蔷薇、木香、木通、凌霄、紫藤、扶芳藤等，既美观又可遮阳纳凉。

图 5-4-3　独立布置攀缘植物

4. 土坡、假山攀缘植物的种植

土坡上应用攀缘植物可减少杂草生长，避免尘土飞扬和水土流失。攀缘植物植于假山或孤立的假山石周围可以充分体现其自然美（图 5-4-4），可选用蔷薇、素馨、常春藤、扶芳藤等垂直绿化等。

图 5-4-4　土坡、假山攀缘植物的种植

5.5 水生植物造景

1. 水生植物概念及分类

水生植物是指生长在水中或潮湿土壤中的植物。

根据不同的形态和生态习性可将水生植物分为五大类：

（1）沉水植物

沉水植物根扎于水下泥土之中，全株沉没于水面之下，常见的有苦草、大水芹、菹草、黑藻、金鱼草、竹叶眼子菜、狐尾藻、水车前、石龙尾、水筛、水盾草等（图5-5-1）。

苦草　　　　大水芹　　　　菹草　　　　黑藻

图 5-5-1　沉水植物

（2）漂浮植物

漂浮植物的茎叶或叶状体漂浮于水面，根系悬垂于水中漂浮不定，常见的有大漂、浮萍、萍蓬草、凤眼莲等（图5-5-2）。

大漂　　　　浮萍　　　　萍蓬草　　　　凤眼莲

图 5-5-2　漂浮植物

（3）浮叶植物

浮叶植物的根生长在水下泥土之中，叶柄细长，叶片自然漂浮在水面上，常见的有金银莲花、睡莲、满江红、菱等（图5-5-3）。

（4）挺水植物

挺水植物的茎叶伸出水面，根和地下茎埋在泥里，常见的有黄花鸢尾、水葱、香蒲、菖蒲、蒲草、芦苇、荷花、泽泻、雨久花、水蓑衣、半枝莲等（图5-5-4）。

图 5-5-3 浮叶植物

图 5-5-4 挺水植物

（5）湿地植物

湿地植物的根系常扎在潮湿的土壤中，耐水湿，短期内可忍耐被水淹没，常见的有垂柳、水杉、池杉、落羽衫、竹类、水松、千屈菜、辣蓼、木芙蓉等（图 5-5-5）。

图 5-5-5 滨水植物

2. 水生植物的景观及生态价值

水生植物景观能够给人一种清新、舒畅的感觉，它不仅可以观叶、品姿、赏花，还能欣赏映照在水中的倒影，令人浮想联翩。水生植物可以吸附水中的营养物质及其他元素，增加水体中的氧气含量，抑制有害藻类大量繁殖，遏制底泥营养盐向水中的再释放，以利于水体的生态平衡。近年来兴起的人工湿地系统，在净化城市水体方面表现突出，是水生植物生态价值的最好体现，目前人工湿地景观已成为城市中极富自然情趣的景观。

3. 水生植物造景

　　水生植物造景最好以自然水体为载体或与自然水体相连，自然形成的流动的水体有利于水质更新，减少藻类繁殖，加快净化；不宜在人工湖、人工河等不流动的水体中大量布置水生植物。种植时宜根据植物的生态习性设置深水、中水、浅水栽植区，分别种不同植物。绝大部分水生植物在1～3m深的水中生长，要求栽植水生植物的部分水不应很深。通常深水区在中央，渐至岸边分别制作中水、浅水和沼生、湿生植物区。由于很多水生植物在北方不易越冬，最好在水中设置种植槽，这样不仅有利于管理，还可以有计划地更新布置。

　　需要注意的是，水生植物只是水景的点缀，不宜过密布置，否则会喧宾夺主，既影响水中倒影及景观视线，也会影响水体的流动和防洪。对于要求治污功能较强的水体，应选择一些耐污强又具有较高观赏价值的植物，如千屈菜、水葱、德国鸢尾等。

5.6　竹类造景

1. 竹的特色

（1）竹类是植物中形态构造较独特的植物类群之一。

（2）竹自身美感突出：四季青翠、挺拔雄劲、潇洒脱俗、婀娜多姿（图5-6-1）。

图 5-6-1　竹类造景

　　（3）在中国传统文化中，竹因具有虚心、有节、挺拔凌云、不畏霜雪等特点而与中国传统的审美趣味、伦理道德意识契合，被人格化，象征着虚心谦和、高风亮节、坚贞不屈的操行以及柔韧、孝义精神，其内涵已成为中华民族的品格和禀赋，是中国传统文化的基本精神和历史个性。

（4）有净化空气、调节气候、保持水土、防风、抗震等生态功能。

（5）常绿树种，又不开花，无花粉散播。

（6）繁殖容易，养护管理费用低；经济实惠，见效迅速。

（7）具有经济、社会、环境三大效益，符合世界造园要求自然、纯朴的潮流。

景观工作者应在实践中不断探索，运用多种设计手法，充分展现观赏竹类植物的形、意、胜、趣，创造美不胜收的园林景观和中国竹文化的博大精深的意境。毛竹、刚竹、粉绿竹、罗汉竹、早园竹、紫竹、方竹、佛肚竹、凤凰竹（孝顺竹）、粉单竹、慈竹、麻竹、苦竹、菲白竹、青皮竹、箬竹、箭竹、凤尾竹等应用广泛。

2. 竹类的种植方式

与观赏树木的配置方法一样，竹类不论自然式或整齐式栽培，不外下述几种方式：

（1）孤植：部分竹类具有高雅的形态，可单独种植，如佛肚竹、黑竹、湘妃竹、花竹、金竹、玉竹以及从头到脚呈现出黄、蓝、白、绿、灰五种颜色的五色竹，充分利用空间以显示其特性，同时适当搭配造型多变的景石或交织栽种一、二年生草花。

（2）丛植：较大面积的庭园可栽植较为高大的丛生形态竹类，如慈竹，成群姿态特别引人入胜。同时还可摆置美丽别致的景石或交织栽种一、二年生草花。

（3）群植：群植是株数较多的一种栽植方法，常布置在小路转弯处、大面积草地旁、建筑物后方及景观中较大的一隅。竹类多为高大乔木状，如毛竹、麻竹等，可终年生长，全株的叶子无明显的落叶季节，即使在冬季仍绿意盎然，因此可大面积栽植成林，创造出绿竹成荫、万竿参天、云雾缭绕、幽禽争鸣的生动而清静的景色。

（4）列植：列植是沿着规则的线条等距离栽植的方法，可协调空间，显出整齐美，以强调局部的风景，使之更为庄严宏伟。如凤尾竹，一般用于景观区界四周，以清界限，但应注意视线通透，稍有曲度，勿流于呆板。

（5）隔植：为了使建筑物与四周自然物更好地联系起来，以增加美观，可用观赏性强且四季常绿的竹类营造景观，如佛肚竹。

（6）绿篱：选用竹类作为绿篱既美观又实用。庭园中使用竹篱不仅可提供视觉的屏障，还具防风功能。竹类生长快速，因此枝条与竹叶致密，能创造令人愉快的微气候环境，亦可应用于街道旁与屋舍边，起到隔离作用。

（7）地被植物：以竹类为地被植物搭配草坪与土壤，具有延续视觉的功能，也可借地被植物衬托而组合成同一单元，部分耐修剪的种类可剪成短而厚实的高度，具耐阴特性者，可栽种于乔木、灌木以下，叶片具观叶效果的可作配色之用。

（8）盆栽：纳小竹三五枝于一小盆，并配石景造型，则可充分表现自然空间的抽象美，展现出一幅立体的风景画；也可在盆竹中栽松、梅，便成"岁寒三友"。

3. 竹类在造景中的应用

中国竹文化深厚的意蕴对竹子造景的产生和发展起了很大的推动作用，使竹子在中国园林中的运用相当广泛，成为中国园林的特色之一（图5-6-2）。寺庙园林景观设计多取其佛性而喜植紫竹、观音竹、圣音竹等；一般墙根、假山坡脚与筑篱，则取矮生形的箬竹；而景区景点的曲折通幽之处，则往往取用密集多姿、秀雅宜人的凤尾竹、琴丝竹等；居住生活区庭院、公共绿地等常用"岁寒三友"——松、竹、梅，不但取其形美，更重其意美。

历代名园中以竹为题材的数不胜数，造园家使竹子的诗情画意与造园的意境相互渗透融合，创造了"竹里通幽""移竹当窗""粉墙竹影""竹坞寻幽""竹石小品"等园林佳景，给欣赏者带来了美的享受。

现代景观中充分借鉴古典竹子造景的一些艺术手法，并巧妙运用竹文化，可起到画龙点睛的作用。

图 5-6-2　竹类在造景中的应用

（1）以竹为主，创造竹林景观

以形态奇特、色彩鲜艳的竹种，以群植、片植的形式栽于重要位置，构成独立的竹景，或以自然的声音形成美丽的竹林景观。如用秆形、色泽互相匹配的树种，营造一种清净、幽雅的气氛，具有观赏憩息的功能。

（2）与山石及其他植物配置

假山、景石是具有特殊风趣的庭园小品，若配植适当竹子，能增添山体的层林叠翠，呈现自然之势、山林之美（图 5-6-3）。竹类植物与其他植物材料的组合，不仅能创造优美的景致，更能将无限的诗情画意带入园林，并形成中国园林特有的情境与意境。

图 5-6-3　与山石及其他植物配置

（3）园以竹胜、景以竹异的专类竹园

专类竹园主要收集各种竹类植物作为专题布置，在色泽、品种、秆形上加以选择相配，营造一种雅静、清幽的气氛，同时兼有观赏、科普教育的作用，主要以竹类公园为主。

6

图示表达

6.1 总体设计

1. 平面图

景观平面图中植物表现方式主要考虑以下内容。

（1）大小

按照成年树规格确定 4 个层次的植物平面冠幅大小。

①基调乔木：冠幅在 5m 左右，主要用于道路行道树、广场林荫树、绿地基调树（图 6-1-1）。

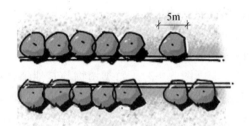

图 6-1-1　道路中的基调乔木

②主景乔木：冠幅在 7m 左右，主要用于广场主景树（图 6-1-2）、绿地骨架树（图 6-1-3）。

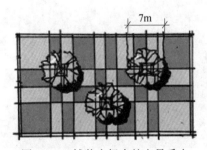

图 6-1-2　铺装广场中的主景乔木

③小乔或者高灌：冠幅 2m 左右，主要用于绿地大乔周边群植或者单独群植。

④中小灌木和地被：用范围线表示种植位置，用于绿地基调乔木、主景乔木、小乔或者高灌的下方及周边区域（图 6-1-3）。

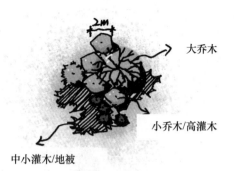

图 6-1-3　乔灌草植物组合

（2）色彩

按照持续时间最长的叶的色彩来表示植物平面色彩，一般不以花的颜色作为植物色彩的选择依据（图 6-1-4）。

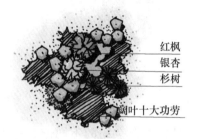

图 6-1-4　植物平面色彩表达

就叶片来说，以不同深浅的绿色来表示植物平面，常绿植物绿色相对深，落叶植物绿色相对浅。

对于叶片变色植物来说，可以以变色后的颜色来表达植物平面色彩，例如银杏，叶片秋季变黄，所以可以选择黄色或者绿色结合黄色来表达植物平面；五角枫，叶片秋季变红，所以可选择红色或者绿色结合红色来表达植物平面。

（3）组合

按照功能的不同进行植物的疏密组合。

如果是主景功能或者骨架功能时采用孤植，留有足够的开敞空间（图 6-1-5）。

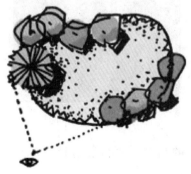

图 6-1-5　孤植

　　如果是行道树功能，采用四五棵或者七八棵持续列植，然后中断 1～3 棵不等，再持续列植，持续列植时注意树冠与树冠之间重叠 1/5 左右。道路两侧的列植可以出现多样的列植效果，以实现观赏视线和景观的丰富性。如两侧并位列植、两侧并位一部分列植、一侧列植一侧敞开（图 6-1-6）。

图 6-1-6　列植

　　如果是林荫广场功能，根据围合空间的不同进行种植点的布置，分为规整林荫（图 6-1-7）、几何林荫（图 6-1-8）和自然林荫（图 6-1-9）。

图 6-1-7　规整林荫

图 6-1-8　几何林荫

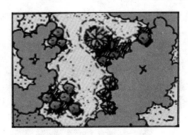

图 6-1-9　自然林荫

　　自然式组合注意点与面的结合。要留有透景线、丰富的林缘线和丰富的林冠线（图 6-1-10）。

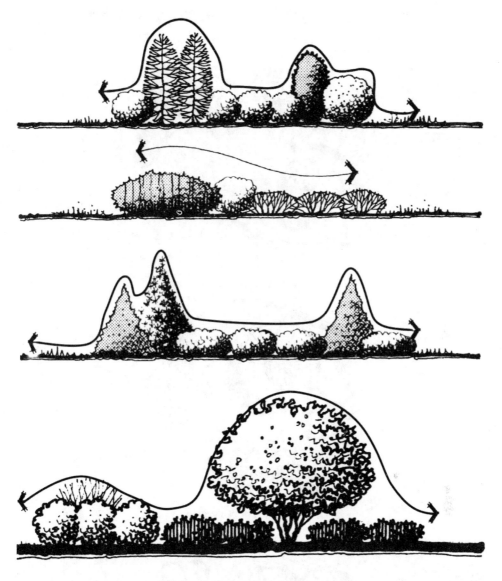

| 18米 哈黑公路 | 防护林 | 辅道 | 微地形处理，隔公路噪声和视线干扰 | 别墅花园 | 别墅 |

用地红线　　　建筑红线

图 6-1-10　立面林冠线示意图

林缘线是指树林或树丛、花木边缘上树冠垂直投影于地面的连接线。

透景线是指在树木或其他物体中间保留的可透视远方景物的空间（图 6-1-11）。

图 6-1-11　透景线示意图

水平望去，树冠与天空的交际线叫作林冠线。注重选用不同树形不同高度的植物构成变化强烈或者变化温和的林冠线。

2. 鸟瞰图

鸟瞰图中的植物表现以表达点、线、面的空间结构为主，突出主要路线、主要节点广场和作为基底的面状绿地（图 6-1-12、图 6-1-13）。鸟瞰图可以在较短时间内直观而快捷地表达设计意图和沟通设计方案，是最常用的表达场景效果的方式。

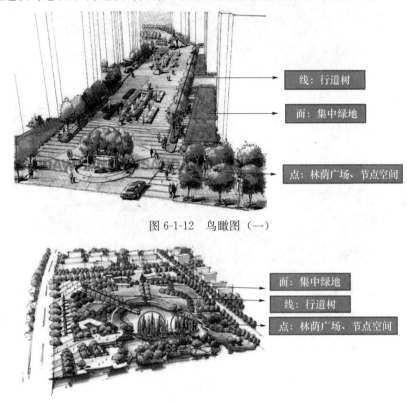

图 6-1-12　鸟瞰图（一）

图 6-1-13　鸟瞰图（二）

3. 效果图

效果图中的植物以表达观赏特性为主。景观效果图中常用一点透视（图 6-1-14）和两点透视（图 6-1-15）作为主要的构图形式。表达过程中要注意视点的把握，图面在与设计相符合的基础上可适当增加元素丰富构图。

图 6-1-14　一点透视效果图

图 6-1-15　两点透视效果图

6.2　专项设计

1. 四季设计图

四季设计图以平面表达为主，需要在设计过程中充分考虑绿地植物在四季的不同变化及分区。植物根据季节大致可粗略分为春季观花，夏季观叶，秋季观果，冬季观枝的季相变化。例如，春景可栽植以迎春、玉兰、桃树、垂柳等的春季观花的植物与常绿植物进行搭配；夏季可栽植四季桂、合欢、金银花等与萱草地被植物进行组合；秋季可选择银杏、红枫等与落叶及常绿植物进行组合搭配；冬季则可选择蜡梅、山茶等冬季开花植物与落叶植物枝干和常绿植物进行组合。

2. 层次设计图

层次设计图以平面图、立面图和效果图表达。植物是景观设计中的重要组成部分。植物层次表达合理有利于景观空间的表达（图 6-2-1）。

（1）小场景植物平面配置及立面层次搭配。例如，图 6-2-2 中在建筑边缘、墙角等处的植物处理层次丰满，越狭窄处植物越密实，破除建筑的棱角感；图 6-2-3 所示庭园中疏密搭配的层次配植局部（左侧）留出草坪，与组团植群形成开阖对比。

图 6-2-1 植物层次在效果图中的表达

图 6-2-2 小场景植物平面配置及立面层次搭配（一）

图 6-2-3 小场景植物平面配置及立面层次搭配（二）

（2）大尺度植物平面配置及立面层次搭配。图 6-2-4 所示为典型绿地中的层次配植。尺度相对较大，同种基调灌木数量较大，与其他植物形成主次形态对比。地被和修剪绿球相对较少，在中间区域成片、成线种植，形态较简洁，在组团起始边缘处相对错落复杂，整体形态上形成繁简对比。图 6-2-5 采用植物分隔手法，组合修剪绿球与修剪色带共同组合成边界，球、灌木、草花等多用于路口边、园与园之间的分隔线等处，形成疏密有致的变化节奏。

图 6-2-4　大尺度植物平面配置及立面层次搭配（一）

图 6-2-5　大尺度植物平面配置及立面层次搭配（二）

3. 色彩设计图

色彩设计以平面图、立面图和效果图呈现。植物的色彩设计离不开植物季相的变化。同一植物配置的平面在不同季节呈现的色彩也是不同的（图 6-2-6）。植物合理的色彩设计在立面图和效果图中可以更好地表达空间的层次感（图 6-2-7、图 6-2-8）。

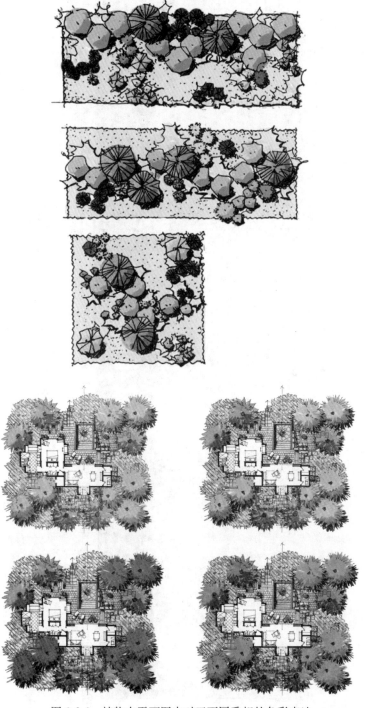

图 6-2-6　植物在平面图中对于不同季相的色彩表达

图6-2-7 植物在立面图中的色彩表达

图 6-2-8   植物在效果图中的色彩设计

4. 某艺术院校校园绿地设计

设计场地位于某艺术院校内，北靠山体，南临校园主路，东接校园模型室，西临校园小型停车场（8个车位），面积约 3000m²。

方案一设计理念以"文人柔情"为主，在徐志摩先生为主题的设计内容中，充分挖掘徐志摩先生生平的文人气息，设计不拘泥于形式，而是营造氛围感；致力打造一个植物搭配合理、设计符合校园环境、空间开合得体的纪念公园；同时充分考虑校园成员的活动要求，提供不同性质、功能、尺度的交往空间，供师生交往、休憩、学习，已成为校园绿地中的亮点。本设计以园林植物搭配造景为主，充分发挥绿地对校园环境的改善作用，同时突出其纪念公园的特征（图 6-2-9）。

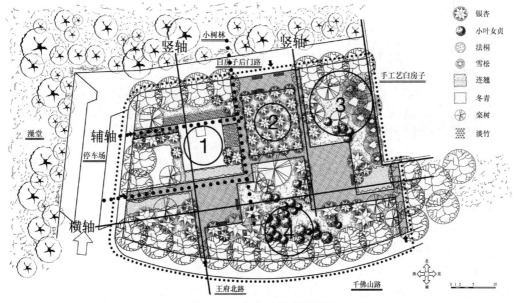

图 6-2-9   方案一景观平面图

结合纪念公园布局及周边环境空间组合形成"一横轴，两纵轴，三辅轴，四节点"的景观结构。

横轴：公园主要景观轴线，贯穿东西主要入口，与东侧手工艺白房子呼应与连接；目的在于打造一条贯穿全图的景观视觉道。

纵轴：公园次要景观轴线，分别为一条由南向北的轴线和一条由北向南的轴线，垂直于主要景观横轴。

辅轴：公园辅助轴线，主要联合东西南北四周区域组团绿化交流空间，形成统一的组合。

节点：节点分别为雕像节点、银杏林节点、建筑过渡节点、道路过渡节点。

场地植物搭配秉持"四季变化、颜色纯粹"的原则，选择银杏作为整个场地核心部分，是四季变化中秋季的主景树，以此达到四季变化的明显区分，并在设计上取消地被植物覆盖，从而使大面积的银杏叶铺满地面，形成秋季独特的场地景观。结合徐志摩的文人气质，在雕像的附近设置背景林"淡竹"，为了避免周边建筑环境对公园的侵蚀，设置雪松作为徐志摩公园与外界环境的屏障（图 6-2-10）。

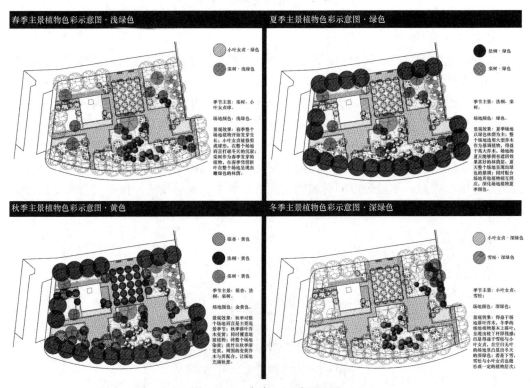

图 6-2-10　方案一四季平面图

围绕横轴的景观变化丰富。入口处景观对整体而言没有更多的特色，能够凸显徐志摩纪念公园本体中的主要景观，也能使公园自然地存在于校园一角；植物搭配上多为混搭，如行道树法桐与场地基调植物银杏搭配；银杏林与道路相隔的区域有一片景观空地，在设计上将这块景观的植株高度压低，点缀少许高大乔木，从而让银杏林于观叶季能够渗透景观，从而吸引路人，同时让本就狭小的空间拥有点缀的空余空间；运用雪松类遮蔽厚重的植物使白房子与徐志摩纪念公园隔开，可以避免白色建筑体块对公园的渗透（图 6-2-11）。

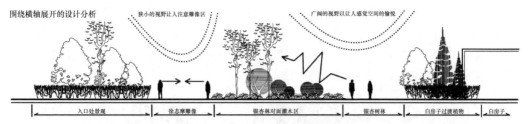

图 6-2-11 方案一轴线展开立面图

节点空间的植物配置因地而异，各有特色。雕像周边景观设计（图 6-2-12 标号 1）：雕像周围的植物结合徐志摩本身的文人气质，为了营造雕像的气氛，雕像背景采用刚竹，以竹类植物烘托现场气氛，同时配合雕像的气氛，使小广场更加优美得体。银杏林的选择（图 6-2-12 标号 2）：银杏林的选择是结合学校本身作出的一个选择，设计者希望能够通过银杏林观叶季节鲜明的色彩变化让整个纪念公园变成校园中的一道风景线，同时让徐志摩雕像附近呈现出一个全然不同的景色。东边背景林的布置（图 6-2-12 标号 3）：徐志摩纪念公园的东边有手工艺白房子的存在，通过观测原场地的缺陷，能够发现白房子会对整个公园进行渗透，导致颜色效果被破坏，在场地规划上，运用深绿色植物遮蔽白房子。灌木球的设定（图 6-2-12 标号 4）：如设计所示，灌木球林地每一个灌木球高度为 2～3m，直径为2～4m；灌木球将成为人视景观的关键植物，在整个场地中充当点缀作用，同时小叶女贞贯穿整个季节，为常绿植物，能够避免季节变换中植物过于单一。

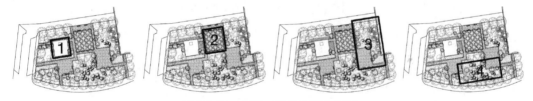

图 6-2-12 方案一节点空间位置图

方案二的设计理念选择"自由、浪漫"作为设计关键词进行植物配置设计。公园主题区为突出雕塑选用淡竹作为背景，樱花、紫薇在周围种植。除满足纪念功能外，该场地还应贴合外部环境，满足受众群体。所以其中设有铺装、坐凳，且用植物围合方式营造开敞空间、半开敞空间、私密空间以满足人群的使用需求。场地设计的主轴线为由西向东，沿主要人流动向进行植物配置（图 6-2-13）。

西入口 A 处运用紫薇的对植及列植，使视线集中，达到吸引人流进入的效果。由西入口进入后到达一片较为开阔的场地 B。该场地同时位于徐志摩雕塑的主观赏面，因此在该场地的南侧选用地被植物（二月兰）和高大乔木（法桐），北侧选择低矮灌木（连翘）和地被植物（美女樱），使南向视线贯通。B 场地东西两侧均采用前灌后乔的植物配置手法，进行适当的视线遮挡。道路 C 连接四个区域。C 北侧区域为场地主观赏区，多采用观花植物，且该区域三面开敞，因此采取三面包围种植地被花卉（二月兰、美女樱）、场地中央部分丛植的方式形成三个方向观赏面的层次变化。D 区域是一个由多种植物围合的区域，其西侧和东侧均采用前灌后乔的方式。西侧二月兰和大叶黄杨分布在前，国槐分布在后，形成由低到高的观赏层次且进行一定的视线遮挡。东侧二月兰、大叶黄杨、紫薇在前，雪松、国槐在后，形成观赏面的同时对白房子进行遮挡。南北两侧有观花植物，视线较为开阔。E 为场地的东入口，北侧以紫薇围合，南侧以大叶黄杨和紫荆围合，营造意境，且该处植物分布较为密集，增加了空间的多样性和观赏性，同时达到了吸引人群进入的目的（图 6-2-14）。

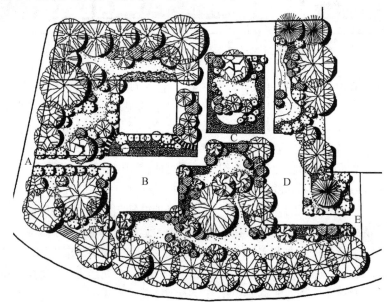

图 6-2-13　方案二景观平面图

视线分析图

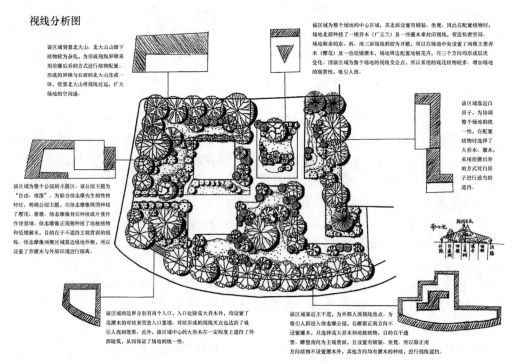

该区域背靠北大山：北大山山脚下植物较为杂乱，为形成视线屏障采用前灌后乔的方式进行植物配置。形成的屏障与后面的北大山连成一体，借景北大山将视线拉远，扩大场地的空间感。

该区域为整个场地的中心区域，其北面设置有铺装、坐凳。因此在配置植物时，场地北面种植了一棵乔木（广玉兰）及一些灌木来封闭视线，营造私密空间。场地剩余的东、西、南三面视线都较为开阔，所以在场地中央设置了两棵主景乔木（樱花），场地周边配置地被花卉，在三个方向均形成层次变化。因该区域为整个场地的视线交会点，所以采用的观花植物较多。增加场地的观赏性，吸引人流。

该区域为整个公园的主题区。该公园主题为"自由、浪漫"。为贴合徐志摩先生的性格特征，明确公园主题，在徐志摩像周围种植了樱花、蔷薇。徐志摩像背后种植成片浅竹作背景墙。徐志摩像正南侧种植了地被植物和低矮灌木，且在于不遮挡主观赏面的视线。徐志摩像两侧区域靠近场地外侧，所以设置了乔灌木与外部环境进行隔离。

该区域靠近白房子，为协调整个场地的统一性，在配置植物时选择了大乔木、灌木和地被植物，采用前灌后乔的方式对白房子进行适当的遮挡。

该区域的边界分别有两个入口，入口处除高大乔木外，均设置了花灌木的对植来营造入口意境。对植形成的视线灭点也达到了吸引人流的效果。此外，该区域中心的大乔木在一定程度上遮挡了外部建筑，从而保证了场地的统一性。

该区域靠近主干道，为外部人流视线焦点。为吸引人群进入徐志摩公园，在雕塑正南方向不设置灌木，只选择高大乔木和地被植物，目的在于透景。雕塑南向为主观赏面，且设置有铺装、坐凳。所以除正南方向植物不设置灌木外，其他方向均有灌木的种植，进行视线遮挡。

图 6-2-14　方案二视线分析图

6.3　施工设计

1. 种植设计图和苗木表的作用

种植设计图又称为植物种植设计施工图纸，是植物种植施工、工程结算、工程施工监测和验收的依据，它能准确表达出植物设计的内容和意图。

苗木表主要表达所选苗木的规格、数量及要求，是苗木采购的重要依据。

2. 种植设计图绘制程序

（1）前期分析程序

①了解分析方案设计

与方案设计师进行沟通，了解方案风格与内容，确定植物在方案中的角色，以及方案对植物的要求。

②现状调查与分析

带着对方案的了解进行现场调查与测绘，其中包括自然条件、人工设施、环境条件、视觉质量，以及与甲方沟通获取前期图纸资料（测绘图、规划图、现状植物分布位置图、地下管线图）。

③分析方案（类型、功能分区、空间）

分析方案绿地类型（居住区、公园、道路），然后根据分区设计植物空间（开阔空间、闭合空间、半开阔半闭合）。

④选择植物品种、规格及配置风格

根据前期分析选择植物品种及规格，同时考虑植物的季相、常绿落叶比、基调树种、骨干树种、色叶开花品种、特选植物（特色植物、造型植物、大规格植物）等。同时进行苗木图例汇总。

（2）图纸绘制程序

①根据空间分析画出草坪线区分草坪与植物空间。

②配置上层植物，其中包括行道树、骨架树种、背景林等，均以乔木为主。

③配置中层植物，其中包括点植、片植等，主要为花灌木。

④重要节点植物配置，其中包括主要出入口、重要广场、儿童乐园、雕塑等节点。

⑤地被层，其中包括模纹、花镜、花海、林下草花等，主要为小灌木、草花等。

⑥图纸标注，其中包括品种、数量。

⑦绘制苗木表，其中包括图例、品种、规格、数量、备注。

⑧分图排版，编制设计说明、目录。

3. 苗木表的绘制程序

（1）汇总绘图用到的苗木，检查不合理苗木，苗木规格根据方案及造价需求而定，不宜过大或过小。

（2）将苗木表分为乔木、灌木、地被三部分。

（3）先按常绿、造型、特选、落叶乔木、花灌木、地被顺序排序，然后依次按苗木规格从大到小排序。

（4）依次填写苗木规格、数量、备注（是否全冠、分支点、特选等）。

图纸如图 6-3-1～图 6-3-16 所示。

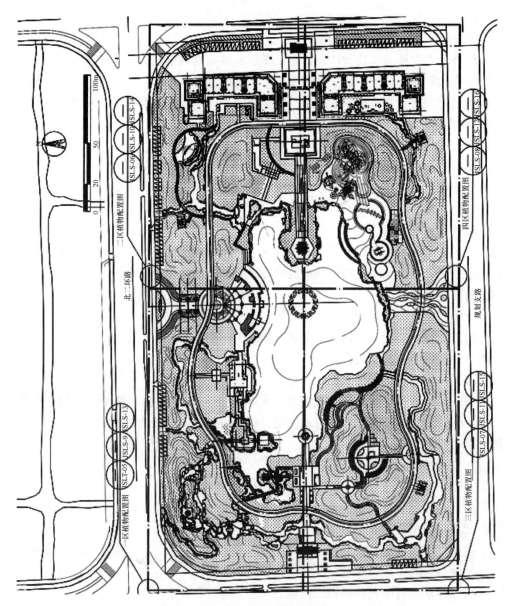

图 6-3-1 某公园的植物配置分区图

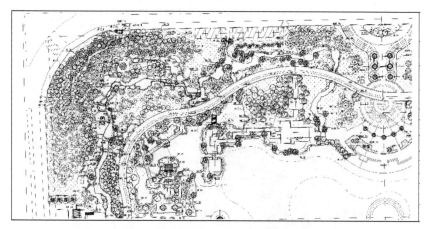

图 6-3-2　某公园分区一的乔木配置图

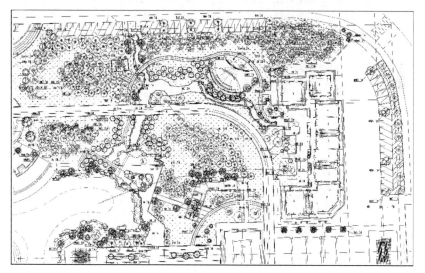

图 6-3-3　某公园分区二的乔木配置图

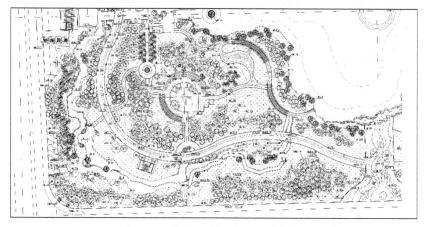

图 6-3-4　某公园分区三的乔木配置图

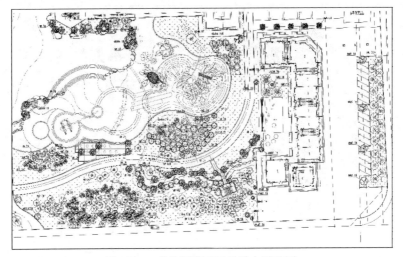

图 6-3-5　某公园分区四的乔木配置图

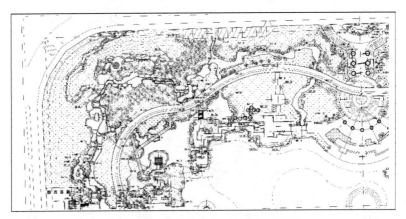

图 6-3-6　某公园分区一的灌木配置图

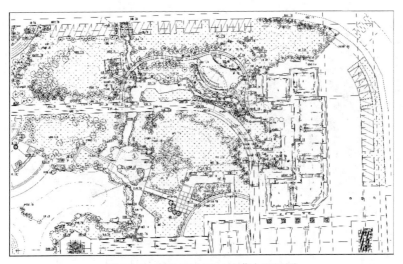

图 6-3-7　某公园分区二的灌木配置图

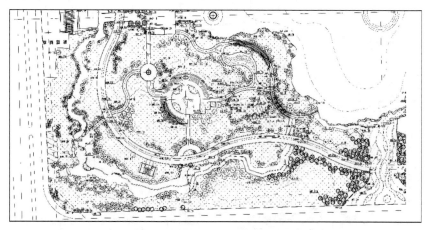

图 6-3-8　某公园分区三的灌木配置图

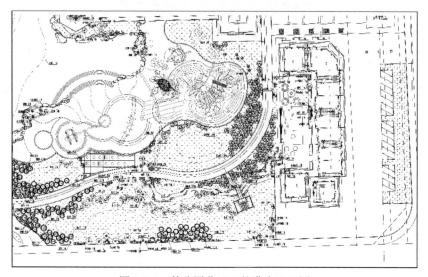

图 6-3-9　某公园分区四的灌木配置图

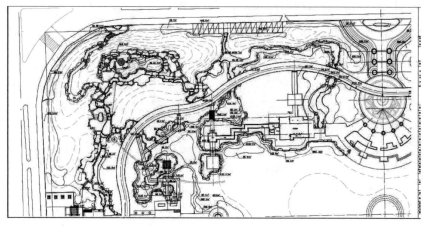

图 6-3-10　某公园分区一的地被配置图

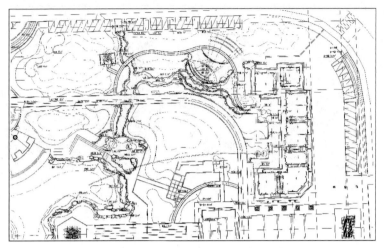

图 6-3-11　某公园分区二的地被配置图

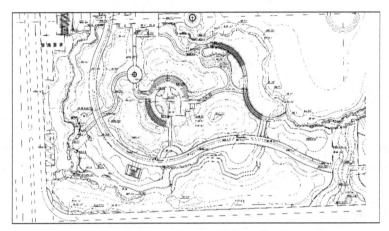

图 6-3-12　某公园分区三的地被配置图

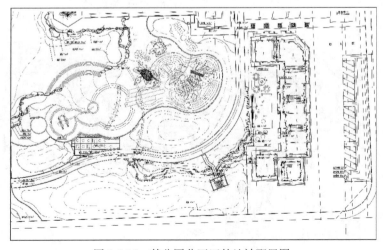

图 6-3-13　某公园分区四的地被配置图

乔木

图例	名称	规格 高(m)	胸径(cm)	冠幅(m)	单位	数量	备注
	雪松A	9.5~10.5	D19~D20	>5.0	株	8	全冠种植，遮荫饱满
	雪松B	5.5~6	D10~D12	>3.0	株	106	全冠种植，遮荫饱满
	造型油松A	2.0~3.0	D19~D20	>2.5	株	30	遮荫饱满，特选规格，选型需经甲方和设计师确认
	造型油松B	1.5~2.0	D12~D15	>2.0	株	39	全冠种植，遮荫饱满
	黑松	2.0~2.5	D8~D10	>2.0	株	221	全冠种植，遮荫饱满
	丛生白皮松	3.0~3.5	分支杆径不小于8	2.5~3.0	株	13	4~5个以上主要分支，丛生或分支点低于0.5m，全冠种植，遮荫饱满
	白皮松	3.5~4.5	D12~D15	>2.5	株	92	分支点1.2m以下截取基本枝，树形饱满
	金桂	2.0~2.5	D10~D15	2.0~2.5	株	44	分支点0.5m以下截取基本枝，树形饱满
	广玉兰	6.5~7	24~25	3.5~4.0	株	5	定杆高2.5m以下，3个以上分支，保留全冠种植
	丛生大叶女贞	4.0~4.5	分支杆径不小于8	>3.5	株	78	4~5个以上主要分支，丛生或分支点低于0.5m，遮荫饱满
	大叶女贞	4.0~4.5	10~12	3.0~3.5	株	58	定杆高2.0m以下，3个以上分支
	青桐	3.0~3.5	10~12	2.5~3.5	株	35	分支点0.5m以下截取基本枝，树形饱满
	对接白蜡	1.5~2.2	D20~D25	1.5~2.0	株	10	造型优美，特选对甲白蜡，造型需经甲方和设计师评审确认
	栾树A	6.0~6.5	35~40	4.0~5.5	株	9	定杆高2.0m以下，3个以上分支，保留全冠种植
	栾树B	5.0~5.5	10~12	3.0~3.5	株	10	定杆高2.0m以下，3个以上分支，保留全冠种植
	八棱海棠	3.0~3.5	D24~D25	2.5~3.0	株	11	分支点1.0m以下截取基本枝，树形饱满，造型需要甲方和设计师确认
	丛生五角枫	5.5~6.5	分支杆径不小于10	>5.0	株	8	4~5个以上主要分支，丛生或分支点低于0.5m，全冠种植，遮荫饱满
	五角枫A	6.0~6.5	24~25	4.5~5.5	株	5	定杆高2.5m以下，3个以上分支，保留全冠种植
	五角枫B	4.5~5.0	10~12	3.5~4.0	株	43	定杆高2.0m以下，3个以上分支，保留全冠种植
	枫香		D10~D12		株	20	全冠种植，树冠通直，遮荫饱满
	丛生三角枫	5.5~6.5	分支杆径不小于10	>5.0	株	7	4~5个以上主要分支，丛生或分支点低于0.5m，全冠种植，遮荫饱满
	银杏A	9.5~10.0	24~25	2.5~3.0	株	10	实生银杏，定杆高2.5m以下，树干通直，遮荫饱满，全冠种植，选型需经甲方和设计师所确认
	银杏B	6.0~7.0	10~12	1.5~2.5	株	101	实生银杏，定杆高2.5m以下，树干通直，遮荫饱满，全冠种植
	榉树A	6.0~7.0	20~25	4.0~4.5	株	6	定杆高2.5m以下，3个以上分支，全冠种植
	榉树B	6.0~7.0	10~12	3.0~3.5	株	19	定杆高2.5m以下，3个以上分支，保留全冠种植
	丛生小叶朴	8.5~9.0	分支杆径不小于10	>4.0	株	11	4~5个以上主要分支，丛生或分支点低于0.5m，全冠种植，遮荫饱满
	小叶朴A	6.5~7.0	24~25	4.5~5.0	株	7	定杆高2.5m以下，3个以上分支，全冠种植
	小叶朴B	5.0~5.5	10~12	3.0~3.5	株	27	定杆高2.0m以下，3个以上分支
	皂角树	6.0~6.5	35~40	4.0~5.5	株	3	定杆高2.0m以下，3个以上分支，保留全冠种植
	朴树	5.0~5.5	10~12	3.0~3.5	株	25	定杆高2.0m以下，3个以上分支
	香樟A	5.0~5.5	60	5.0~5.5	株	1	定杆高2.0m以下分支，全冠种植，选型需要甲方和设计师所确认
	香樟	5.0~5.5	10~12	3.0~3.5	株	164	定杆高2.0m以下，3个以上分支，全冠种植
	国槐A	7.0	40	5.5	株	1	定杆高2.0m以下，3个以上分支，全冠种植
	国槐B	6.5	25	5.0	株	33	定杆高2.0m以下，3个以上分支，全冠种植
	国槐C	5.0~5.5	10~12	3.0~3.5	株	65	定杆高2.0m以下，3个以上分支，全冠种植
	金叶国槐	5.0~5.5	10~12	3.0~3.5	株	49	定杆高2.0m以下，3个以上分支，全冠种植
	榆树	5.0~5.5	10~12	3.0~3.5	株	31	定杆高2.0m以下，3个以上分支，全冠种植
	黄连木	5.0~5.5	10~12	3.0~3.5	株	66	定杆高2.0m以下，3个以上分支，全冠种植
	白蜡	5.0~5.5	10~12	3.0~3.5	株	23	定杆高2.5m以下，3个以上分支，全冠种植
	千头椿	5.0~5.5	10~12	3.0~3.5	株	38	定杆高2.5m以下，3个以上分支
	朴叶	5.0~5.5	10~12	3.0~3.5	株	25	定杆高2.5m以下，3个以上分支
	鹅掌楸A	8.5~9.0	19~20	4.0~4.5	株	9	全冠种植，保留全格，树干通直，遮荫饱满，杂交鹅掌楸品种
	鹅掌楸B	5.0~5.5	10~12	3.0~3.5	株	59	全冠种植，保留全格，树干通直，遮荫饱满，杂交鹅掌楸品种
	黄山栾	5.0~5.5	10~12	3.0~3.5	株	55	定杆高2.0m以下，3个以上分支，全冠种植
	合欢	4.0~5.0	10~12	3.0~4.0	株	15	定杆高2.0m以下，3个以上分支，全冠种植
	水杉	5.0~5.5	10~12	>2.0	株	219	定杆高2.0m以下，3个以上分支，全冠种植
	榔树	4.0~5.0	10~12	2.5~3.5	株	48	定杆高2.0m以下，3个以上分支，全冠种植
	丝棉木	4.0~5.0	10~12	2.5~3.5	株	9	定杆高2.0m以下，3个以上分支，全冠种植
	黄玉兰	4.0~5.0	10~12	2.5~3.0	株	86	定杆高2.0m以下，3个以上分支，全冠种植
	枫杨	4.0~5.0	10~12	2.5~3.5	株	27	定杆高2.0m以下，3个以上分支，全冠种植
	苦楝	4.0~5.0	8~10	2.5~3.5	株	86	定杆高2.0m以下，3个以上分支，全冠种植
	棕榈	4.0~5.0	8~10	2.5~3.5	株	44	定杆高2.0m以下，3个以上分支，全冠种植
	黄栌	3.0~4.0	10~12	2.5~3.5	株	105	分支点0.5m以下截取基本枝，树形饱满
	红栌	3.0~4.0	10~12	2.5~3.5	株	78	分支点0.5m以下截取基本枝，树形饱满

图 6-3-14　某公园的乔木苗木表

灌木

| 图例 | 名称 | 规格 | | | 单位 | 数量 | 备注 |
		高 （m）	地径 （cm）	冠幅 （m）			
	紫薇盆景	1~1.5	D40~D80		株	11	特选紫薇盆景，选型需经甲方和设计师确认。
	山楂	2.5~3.0	D14~D15	2.5~3.0	株	25	分支点0.5m以下或散本状，树形饱满
	山杏A	3.5~4.0	D20~D22	3.5~4.0	株	3	分支点0.5m以下或散本状，树形饱满
	山杏B	2.5~3.0	D8~D10	2.5~3.0	株	21	分支点0.5m以下或散本状，树形饱满
	花石榴A	2.5~3.0	D14~D15	2.5~3.0	株	7	分支点0.5m以下或散本状，树形饱满
	花石榴B	2.0~2.5	D8~D10	2.0~2.5	株	55	分支点0.5m以下或散本状，树形饱满
	樱花A	2.5~3.0	D14~D15	2.5~3.0	株	15	分支点0.5m以下或散本状，树形饱满
	樱花B	2.0~2.5	D8~D10	2.0~2.5	株	151	分支点0.5m以下或散本状，树形饱满
	紫玉兰	2.5~3.0	D8~D10	2.0~2.5	株	105	分支点0.5m以下或散本状，树形饱满
	美国红枫	3.0~3.5	D8~D10	2.0~2.5	株	91	分支点0.5m以下或散本状，树形饱满
	西府海棠	2.5~3.0	D8~D10	2.0~2.5	株	107	分支点0.5m以下或散本状，树形饱满
	垂丝海棠	2.5~3.0	D8~D10	2.5~3.0	株	46	分支点0.5m以下或散本状，树形饱满
	木瓜海棠	2.5~3.0	D8~D10	2.0~2.5	株	35	分支点0.5m以下或散本状，树形饱满
	贴梗海棠	2.5~3.0	D7~D8	2.5~3.0	株	23	分支点0.5m以下或散本状，树形饱满
	紫丁香	2.5~3.0	D8~D10	2.5~3.0	株	61	分支点0.5m以下或散本状，树形饱满
	白丁香	2.5~3.0	D8~D10	2.5~3.0	株	13	分支点0.5m以下或散本状，树形饱满
	紫叶碧桃	2.5~3.0	D8~D10	2.5~3.0	株	102	分支点0.5m以下或散本状，树形饱满
	白碧桃	2.5~3.0	D8~D10	2.5~3.0	株	17	分支点0.5m以下或散本状，树形饱满
	红梅	2.5~3.0	D8~D10	2.5~3.0	株	198	分支点0.5m以下或散本状，树形饱满
	腊梅A	2.5~3.0	D8~D10	2.5~3.0	株	11	分支点0.5m以下或散本状，树形饱满
	腊梅B	2.0~2.5	D7~D8	2.0~2.5	株	140	分支点0.5m以下或散本状，树形饱满
	美人梅	1.5~2.0	D7~D8	1.5~2.0	株	264	分支点0.5m以下或散本状，树形饱满
	榆叶梅	1.5~2.0	D7~D8	1.5~2.0	株	34	分支点0.5m以下或散本状，树形饱满
	日本红枫A	2.0~2.5	D12~D15	2.0~2.5	株	23	分支点0.5m以下或散本状，树形饱满
	日本红枫B	1.5~2.0	D7~D8	1.5~2.0	株	59	分支点0.5m以下或散本状，树形饱满
	红叶鸡爪槭	1.5~2.0	D7~D8	1.5~2.0	株	70	分支点0.5m以下或散本状，树形饱满
	丛生紫荆	2.0~2.5	D2~D3/分枝	2.0~2.5	株	71	全冠种植，蓬形饱满，10~12支/丛
	丛生金银木	2.0~2.5	D2~D3/分枝	2.0~2.5	株	40	全冠种植，蓬形饱满，10~12支/丛
	高杆红叶石楠	1.5~2.0	D7~D8	1.5~2.0	株	7	球形丰满，枝叶繁茂，不脱脚
	红叶石楠球A	1.5~2.0		1.5~2.0	株	65	球形丰满，枝叶繁茂，不脱脚
	红叶石楠球B	1.2~1.5		1.2~1.5	株	110	球形丰满，枝叶繁茂，不脱脚
	大叶黄杨球	1.2~1.5		1.2~1.5	株	81	球形丰满，枝叶繁茂，不脱脚
	海桐球	1.2~1.5		1.2~1.5	株	102	球形丰满，枝叶繁茂，不脱脚
	金叶女贞球	1.2~1.5		1.2~1.5	株	46	球形丰满，枝叶繁茂，不脱脚
	小叶女贞球A	1.5~2.0		1.5~2.0	株	16	球形丰满，枝叶繁茂，不脱脚
	小叶女贞球B	1.2~1.5		1.2~1.5	株	44	球形丰满，枝叶繁茂，不脱脚
	火棘球	1.2~1.5		1.2~1.5	株	23	球形丰满，枝叶繁茂，不脱脚
	凤尾丝兰	1.0~1.2		1.0~1.2	株	54	
	菱角		D4~D5		株	5	两年生
	紫藤		D4~D5		株	7	两年生

图 6-3-15　某公园的灌木苗木表

地被

名称	规格			单位	数量	备注
	高(m)	地径(cm)	冠幅(m)			
刚竹	7-8			m²	727.8	3丛/m²,3株/丛,片植
紫竹	4-6			m²	442.1	3丛/m²,3株/丛,片植
淡竹	3-5			m²	717.8	3丛/m²,3株/丛,片植
阔叶箬竹	1.0-1.2			m²	160.6	片植,不漏土
美人蕉	1.2-1.5			m²	61.2	片植,不漏土
山麻秆	1.0-1.5		0.3-0.35	m²	53	36株/m²,片植,两年生苗
迎春、迎夏、迎秋	0.6-0.8		0.6-1.0	m²	564.8	片植,两年生苗
金丝桃	0.4-0.6		0.35-0.4	m²	671.2	25株/m²,片植,两年生苗
南天竹	0.4-0.6		0.35-0.4	m²	816.4	25株/m²,片植,两年生苗
珍珠梅			0.35-0.4	m²	95.7	25株/m²,片植,两年生苗
月季			0.35-0.4	m²	19	9株/m²,片植,两年生苗
杜鹃	0.4-0.6		0.35-0.4	m²	270.8	25株/m²,片植,两年生苗
红王子锦带花	0.4-0.6		0.3-0.35	m²	387	36株/m²,片植,两年生苗
金焰绣线菊	0.4-0.6		0.3-0.35	m²	272	36株/m²,片植,两年生苗
龟甲冬青	0.4-0.6		0.35-0.4	m²	393	36株/m²,片植,两年生苗
金叶女贞	0.4-0.6		0.35-0.4	m²	371	36株/m²,片植,两年生苗
红叶石楠			0.35-0.4	m²	291	36株/m²,片植,两年生苗
小龙柏			0.35-0.4	m²	11	36株/m²,片植,两年生苗
常绿萱草	0.4-0.6			m²	327	片植,不漏土
鸢美人	0.4-0.6			m²	365	片植,不漏土
兰草	0.2-0.4		0.35-0.4	m²	18.5	片植,不漏土
地被石竹	0.2-0.3			m²	76.6	片植,不漏土
美女樱	0.2-0.3			m²	194	片植,不漏土
萱草	0.2-0.3			m²	185	片植,两年生以上苗,3-5株/丛
鸢尾	0.2-0.3			m²	260	片植,两年生以上苗,3-5株/丛
宿根鼠尾草	0.2-0.3			m²	334	片植,不漏土
细叶麦冬	0.2-0.3			m²	2066.1	片植,夏冬两年生以上苗,7-8芽/丛
麦冬	0.2-0.3			m²	238.6	片植,夏冬两年生以上苗,7-8芽/丛
兰芳蔷				m²	1272.5	
爬山虎				m²	34	
蔷薇				m²	37	
草坪				m²		

水生植物

名称	规格			单位	数量	备注
	高(m)	地径(cm)	冠幅(m)			
芦苇				m²	62.8	
香蒲				m²	48	
狼尾草				m²	142	
菖蒲				m²	221.2	
水葱				m²	106	
慈姑				m²	197.6	
再力花				m²	274.6	
千屈菜				m²	325.5	
水生鸢尾				m²	284.4	
泽泻草				m²	391	
荷花				m²	873	
睡莲				m²	211.7	

图 6-3-16 某公园的地被和水生植物苗木表

参考文献

［1］苏雪痕．植物造景［M］．北京：中国林业出版社，2000．

［2］诺曼·K．布思著．曹礼昆译．风景园林设计要素［M］．北京：北京科学技术出版社，2018．